과학과 공학의 기초를 쉽게 정리한

단위·기호 사전

과학과 공학의 기초를 쉽게 정리한
단위·기호 사전

1판 1쇄 발행 | 2019년 11월 4일
1판 6쇄 발행 | 2024년 3월 18일

지은이 | 사이토 가쓰히로 **옮긴이** | 조민정 **감수** | 최원석

펴낸곳 | 도서출판 그린북
펴낸이 | 윤상열
기획편집 | 최은영 김민정
디자인 | 김민정
마케팅 | 윤선미
경영관리 | 김미홍
출판등록 | 1995년 1월 4일(제10-1086호)
주소 | 서울시 마포구 방울내로11길 23 두영빌딩 302호
전화 | 02-323-8030~1
팩스 | 02-323-8797
이메일 | gbook01@naver.com **블로그** | greenbook.kr

ISBN | 978-89-5588-934-5 43400

* 잘못된 책은 구입하신 곳에서 바꾸어 드립니다.
* 이 책의 국립중앙도서관 출판도서목록(CIP)은 e-cip홈페이지(http://www.nl.go.kr/ecip)에서 이용하실 수 있습니다.(CIP제어번호: CIP2019043547)

과학과 공학의 기초를 쉽게 정리한

단위·기호 사전

사이토 가쓰히로 지음 | 조민정 옮김 | 최원석 감수

그린북

머리말

이 책은 제목으로도 알 수 있듯 물리학과 화학의 교과서, 참고서, 해설서, 전문서에 등장하는 단위와 기호를 종합적으로 소개하는 획기적인 사전이다.

어떠한 책을 읽다가 단위와 기호 때문에 어려움을 겪은 적이 있다면, 먼저 이 책부터 펼쳐 보자. 이 책에서는 그 대부분을 다루고 있다. 이 책으로 예비지식, 기초 지식을 익힌 다음 다시 원래 읽던 책으로 돌아가 보자. 불과 조금 전까지는 '무슨 소리인지 도통 모르겠네.' 하던 내용도, 단위를 이해하게 되면 언제 그랬느냐는 듯 머리에 쏙쏙 들어올 것이다.

우리가 어떤 내용을 '어렵다'고 느끼는 이유는 사실 실마리를 잡지 못했기 때문이다. 실마리만 있으면 웬만한 어려움은 다 풀리기 마련이다.

예를 들어 갑자기 어두컴컴한 동굴에 들어가면 앞이 보이지 않아 한 걸음도 떼기 힘들 것이다. 그때 만약 동굴 곳곳에 등이 켜져 있고, 길에서 벗어나지 않도록 줄이 매여 있으면 콧노래까지 부르며 앞으로 나아갈 수 있다.

이 책은 기호와 단위 때문에 어려움을 겪고 있는 사람들을 위한 일종의 '길 안내서'이다. 그러니 적어도 이 책을 읽을 때만큼은 힘들이지 않고 쉽게 이해할 수 있도록 정리했다. '모르는 것을 알기 위해' 펼친 책인데, 또 내용이 어려워서 도통 이해가 안 된다면 그야말로 주객전도가 아닌가. 할 수만 있다면 뒹굴뒹굴 누워서 책을 읽어도 중요한 내용은 머릿속에 남도록 만들고자 했다.

이 책은 물리, 화학, 공학, 천문학, 기타 다수의 영역에 걸친 단위, 즉 독자 여러분의 머리를 어지럽히는 여러 가지 '단위'를 이해하기 쉽게, 근본 원리부터 차근차근 짚어 가며 설명했다. 단위 자체를 기계적으로, 정의식만 가지고 설명하는 책이 아니다.

그 단위가 나오는 물리적, 화학적인 현상은 무엇인가? 그 현상은 왜 일어났는가? 그 현상을 뒷받침하는 근본 원리는 무엇인가? 이런 부분에 중점을 두고 최대한 자세하게 설명하는 데 신경 썼다. 그런 의미에서 단위를 해설한 책이라기보다 '단위가 탄생하게 된 배경 원리'를 해설한 책이라고 보는 게 좋겠다.

이 책은 총 2부로 구성되어 있다. 1부는 국제도량형총회(CGPM)에서 결정한 7가지 기본 단위(SI 단위계), 즉 ① 길이 ② 질량 ③ 시간 ④ 전류 ⑤ 온도 ⑥ 물질량 ⑦ 광도를 기본으로 한 기초 단위를 다룬다.

그리고 2부에서는 1부에서 한 단계 나아가, ⑧ 자연계의 단위 ⑨ 양자 세계의 단위 ⑩ 주기율표의 단위 ⑪ 화학 단위 ⑫ 공학 단위 ⑬ 우주 단위를 다룬다.

이 책은 본문 이외에도 많은 '칼럼'과 '관련 지식' 등 폭넓은 내용을 담고 있다. 여기에 담겨 있는 모든 정보와 지식이 독자 여러분의 지친 뇌를 쉬게 하면서 동시에 활성화시켜 줄 것이다. 여유를 가지고 주제에서 조금 벗어난 곳에 있는 온갖 생생한 현상을 탐구해 보자.

앞에서 말했듯 이 책은 '단위 해설'이라는 이름을 빌린 물리·화학·천문학·공학 해설서이자, 언제든지 필요할 때 찾아볼 수 있는 사전이기도 하다. 그러니 한 번 읽고 덮어 둘 책은 아니다. 분명 여러분의 책장에 오래도록 자리하면서 필요할 때마다 꺼내 보는 책이 될 것이라 믿는다.

마지막으로 이 책을 만드는 데 참고했던 여러 책의 저자들, 출판사 관계자 여러분께 깊은 감사를 드린다.

사이토 가쓰히로

C O N T E N T S

제1부 SI 단위계를 중심으로 한 7가지 세계

CHAPTER 1 시간의 단위와 기호

CHAPTER 2 길이·면적·부피의 단위와 기호

CHAPTER 3 무게의 단위와 기호

CHAPTER 4 전기·자기·전자파의 단위와 기호

CHAPTER 5 온도의 단위와 기호

CHAPTER 6 물질의 단위와 기호

CHAPTER 7 빛·소리·색체의 단위와 기호

제2부 특수한 세계의 단위와 기호

CHAPTER 8 자연을 알 수 있는 단위와 기호

CHAPTER 9 양자 세계의 단위와 기호

CHAPTER 10 주기율표에 나오는 단위와 기호

CHAPTER 11 화학적 성질을 알려주는 단위와 기호

CHAPTER 12 공학이 강해지는 단위와 기호

CHAPTER 13 우주를 알기 위한 단위와 기호

COLUMN

서 장

단위와 기호를 알기 전에

1 단위는 왜 있을까?

우리가 사는 세상은 '물질'로 이루어져 있다. 물질이란 유한한 질량(무게)과 유한한 부피를 가진 것을 가리킨다.

• 물질의 '일정량'을 재는 것이 '단위'

물질에는 '양'이 있다. 과일이나 물고기 등은 한 개, 한 마리 등으로 세어서 양을 나타낸다.

그런데 물질 중에는 셀 수 없는 것도 있다. 예를 들어 물의 양을 나타내려면 어떻게 해야 할까? 어떤 적당한 도구(국자, 되 등)를 사용해 물을 부으면서 한 잔, 두 잔 하고 세는 방법이 있을 것이다.

하지만 이때는 도구의 크기와 용량이 일정해야 한다는 조건이 붙는다. 그렇지 않으면 처음부터 비교 대상이 될 수 없다. '단위'란 바로 이 일정한 크기를 가리킨다.

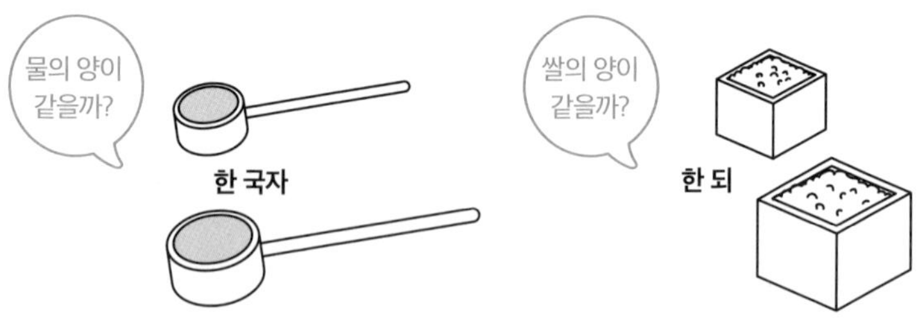

예전에 '양의 단위'는 나라 그리고 시대에 따라 달랐다. 물의 양을 비교하고 싶으면 한마을에서 쓰는 국자 크기를 일정하게 정해 놓으면 그만이었다. 다른 마을과 물을 교환하지 않는 이상, 국자의 크기를 다른 마을과 똑같이 할 필요가 없었다.

그래서 먼 옛날에는 작은 마을마다 국자의 크기가 제각각이었다. 그러다가 작은 마을이 모여 도시를 이루고, 도시가 모여 국가를 이루면서 크기가 같은 국자를 쓰는 집단 구성원이 점점 늘어났다. 하지만 국가라는 조직은 강력하다. 국가를 넘어서면서까지 국자의 크기가 일정해지지는 않았다.

• 단위를 오래도록 일정하게 관리하고 싶다

시대가 바뀌고 문화가 발전하면서 차츰 단위의 양에 정확성이 요구되었다. 그러자 국자를 계속 수량의 단위로 써도 괜찮을지 의문이 제기되었다. 아무리 왕(국가)이라도 정말 국자를 안전하게 관리할 수 있을까? 만약 왕궁에 불이라도 난다면 기준은 어떻게 되어 버리는 것일까? 이렇게 생각하니 마음이 불안해졌다.

요컨대 불이나 지진이 나도 끄떡없는 '단위'를 정해야 한다고 생각하게 되었다. 이를테면 크기를 정해서 단단한 돌로 되를 만든다든지 말이다. 이리하여 단위는 시대 흐름과 함께 더욱 정확하고 항구적으로 진화했다.

• 시간? 거리? '개념'을 재는 단위

이 세상에는 꼭 형태가 있는 물질이 아니더라도 크고 작은 차이가 존재한다. 예를 들면 바람에는 빠르게 부는 바람도 있고 느리게 부는 바람도 있다. 이러한 바람의 속도 차이는 어떻게 나타내면 좋을까? 바람에 날리는 잎의 빠르기로 나타내 보면 어떨까? 잎의 속도를 나타내려면 잎이 이동한 '거리'와 이동하는 데 걸린 '시간'을 알아야 한다. 즉, 거리와 시간이라는 두 단위를 조합하면 속도를 나타낼 수 있다.

마찬가지로 아무도 본 적 없고 만진 적도 없는 에너지라는 개념 역시 단위를 조합해 표현할 수 있다.

이처럼 우리는 새로운 개념을 만들 때마다 새로운 단위를 늘려 나간다. 요컨대 문명이 발달하면 할수록 단위의 종류는 늘어나고, 그 정의 역시 정밀해져 가는 셈이다.

2 단위의 기준은 무엇일까?

상대방에게 물체의 무게를 알려 줄 때, '몹시 무겁다', '조금 가볍다' 하고 말로 설명해 봐야 정확하게 전달하기 불가능하다.

이럴 때는 '기준이 되는 물체'를 정하고 그것과 비교해서 무게의 정도를 설명하는 것이 가장 빠르고 확실한 방법이다.

• 자연물을 기준으로 삼는 단위

그중에서도 누구나 알고 있는 자연물을 기준으로 삼는 것이 가장 좋다. 이때 자연물은 무게가 항상 변하지 않는 것이어야 한다. 이러한 조건을 만족하는 후보에는 어떤 것이 있을까?

바로 '콩'이다. 잘 익어 건조된 콩은 무게가 거의 일정하기 때문이다.

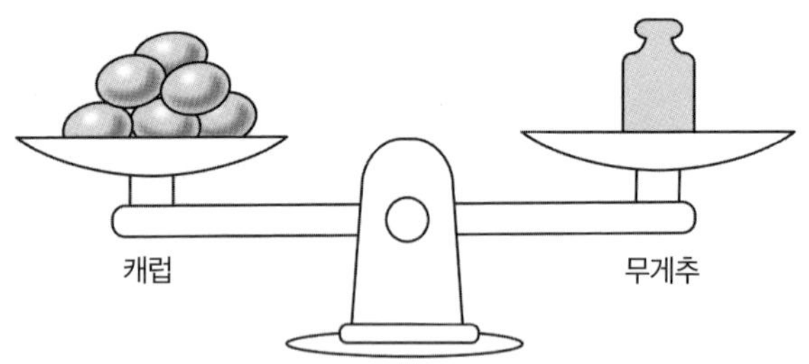

콩을 실제로 이용한 것은 고대 이집트인으로 알려져 있는데, 그들은 **캐럽**(kerátiōn: 구주콩)이라는 콩을 무게추로 써서 보석의 무게를 쟀다고 한다. 현재 보석의 무게를 캐럿(ct)이라고 부르는 것은 여기에서 유래했다. 캐럿을 크기의 단위로 오해하기 쉬운데 사실은 무게 단위이다.

• 사람을 기준으로 하는 단위

길이를 잴 때 사람의 몸을 기준으로 하는 방법이 있다. 무척 긴 벽이 있고 그 길이를 측정해야 하는데 마땅한 도구가 없다면, 21세기를 살아가는 우리라고 해도 양팔을 크게 벌린 다음 '양팔을 벌려 70번 움직인 거리(120~130m)', 이런 식으로 재지 않을까? 만약 벽이 짧다면 손바닥만 쫙 벌려 '손바닥 7개' 하는 식으로 잴 수도 있다. 이처럼 인체의 일부 역시 길이의 단위가 된다.

옛날 사람들도 자신의 신체 일부를 기준으로 삼았다. 지금도 서양에서 쓰는 피트(feet)는 발 길이를 기준으로 한 것이다. 원래 피트(feet)는 푸트(foot)의 복수형이니, '1피트'의 길이를 곰곰이 생각해 보면 조금 이상할지도 모르겠다.

또 척관법이라는 동양의 전통 길이 단위인 '척'은 척골(아래팔의 안쪽에 위치한 뼈)의 길이를 기준으로 했다. 피트와 척은 둘 다 30㎝ 정도 된다.

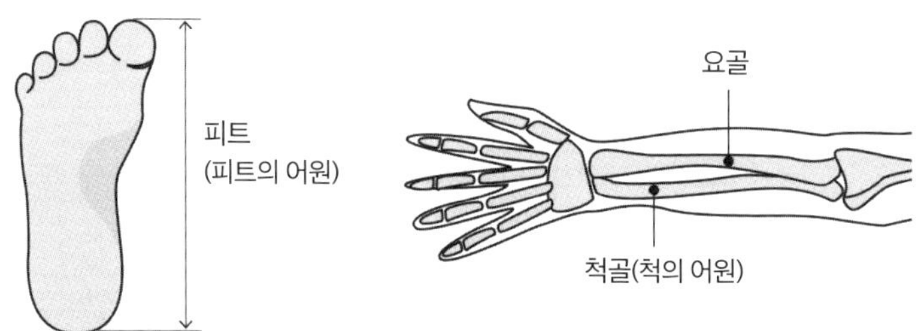

낚시가 취미인 사람은 잘 알 것 같은데, 배에서 낚싯대 없이 하는 '줄낚시'는 낚싯줄을 양손으로 잡고 팔을 벌린 상태로 있다가 고기가 미끼를 물면 줄을 끌어당겨 올리는 방식이다. 이때 양팔을 벌린 총 길이를 '발'이라고 부르며, 깊이나 길이의 단위로 쓴다. 한 발은 6척으로 약 180㎝이다. 앞에서 긴 벽의 길이를 잴 때 '양팔을 벌리고 70번 움직인 거리'가 120~130m라고 한 것은 양팔을 벌린 만큼의 길이를 한 발(180㎝)로 계산했기 때문이다.

3 기본 단위+조립 단위로 생각하기

양에는 여러 종류가 있다. 길이, 무게의 대소는 직감적으로 알 수 있다. 그런데 "쇠의 무게와 깃털의 무게 중 어느 쪽이 무거운가?" 하는 질문을 받으면 어떻게 대답할 수 있을까? 느낌상으로는 깃털이 가벼울 것 같지만, 천 마리 새의 깃털이라면 분명 쇳가루 입자 하나보다 무거울 것이다. 그렇다면 어떻게 비교해야 좋을까?

예컨대 상대방에게 돌의 무게를 알려 줄 때 기준으로 삼은 물건(무게추)의 몇 배라고 말하면 바로 알 수 있다. 길이, 부피도 마찬가지다. 기준으로 삼은 길이(자), 기준으로 삼은 부피(되), 기준으로 삼은 무게(무게추)의 몇 배라고 표현하면 더 설명할 필요가 없다.

그런데 쇠의 무게와 깃털의 무게를 비교할 때는 어떨까?

• '조립 단위'가 필요한 양

쇠와 깃털의 무게를 비교할 때 우리가 직감적으로 '깃털이 더 가볍다'고 여기는 이유는 어떤 기준을 바탕으로 생각하기 때문이다. 그 기준에 '쇠는 작아도 무겁다, 깃털은 커도 가볍다'라는 생각이 담겨 있는 것은 아닐까?

그러니 이런 경우에는 무게 단위(g)와 부피 단위(㎤)를 조합해 **밀도**라는 새로운 단위(g/㎤)를 만들어 비교할 수 있다.

앞에서 '바람의 속도' 이야기를 했다. 바람은 눈에 보이지 않으므로, 눈에 보이는 잎사귀로 속도를 측정할 수 있는데 이때 잎사귀가 이동한 거리(m)와 그 이동에 걸린 시간(s)을 알아야 한다고 말이다. 즉, 밀도와 마찬가지로 속도도 두 개의 단위가 조합된 단위(m/s)인 셈이다.

이처럼 기본 단위(시간, 길이, 무게 등)를 조합한 단위를 **조립 단위**라고 부른다.

• 치환할 수 없는 '기본 단위'

그런데 부피의 단위는 조립 단위일까? 다시 말해, 길이나 시간 등 다른 단위를 써서 만들 수 있을까? 부피의 단위인 되의 크기는 가로, 세로, 높이라는 세 가지 '길이'를 지정해서 구한다. 그러니까 '부피'도 기본 단위인 '길이'로 나타낼 수 있는 '조립 단위'인 셈이다.

그렇게 생각하면 다른 단위로 구성(치환)할 수 없는 어떠한 기본 단위가 있다는 것을 짐작할 수 있다.

몇 가지 '기본 단위'에서 새로운 단위인 '조립 단위'가 생긴다

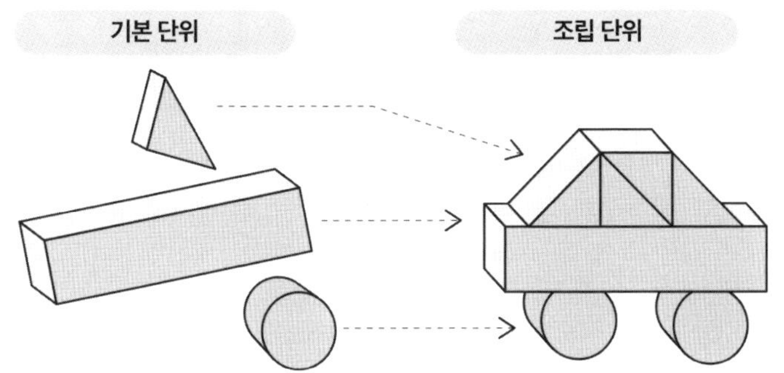

• 기본 단위는 총 7개

기본 단위는 국제도량형위원회(CIPM)에서 긴밀히 검토한 끝에 총 7개를 설정했고, 1954년 제10회 국제도량형총회(CGPM)에서 채택했다. 그것이 바로 국제단위계, 줄여서 SI(프랑스어 Le Systém International d'Unités의 약어)이다.

현재 전 세계 대부분의 나라에서 합법적으로 사용할 수 있으며, 많은 나라에서 의무적으로 쓰고 있다. 하지만 일부 국가는 아직도 전통 단위계를 섞어 쓰고 있다.

국제단위계(SI)에 따르면 다음 일곱 가지가 기본 단위에 해당한다.

① 길이 ② 질량(무게) ③ 시간 ④ 전류
⑤ 온도 ⑥ 물질량 ⑦ 광도

이 일곱 가지 기본 단위 외에는 전부 조립 단위인데, 이 일곱 개의 단위를 이리저리 조합해서 나타낼 수 있다. 일곱 개의 기본 단위 중 무엇과 무엇을 합하면 만들 수 있을지, 마치 게임을 즐기듯 생각해 보면 좋겠다.

국제적으로 정해진 일곱 가지 기본 단위

	기본량	명칭	기호
기본 단위	① 길이	미터	m
	② 질량	킬로그램	kg
	③ 시간	초	s
	④ 전류	암페어	A
	⑤ 온도	켈빈	K
	⑥ 물질량	몰	mol
	⑦ 광도	칸델라	cd

4 크고 작은 수, 그리스 문자 읽는 법

• k, M, G, T

컴퓨터를 하다 보면 1킬로바이트(kB), 2메가바이트(MB), 1기가바이트(GB)와 같은 단위를 보게 된다. 여기서 k(킬로), M(메가), G(기가)란 크기가 다른 각각의 자릿수를 나타내는 접두어이다. 요즘 나오는 하드디스크의 용량은 G를 넘어서서 T(테라) 단위로 판매되고 있고, 나아가 슈퍼컴퓨터의 처리 속도쯤 되면 E(엑사) 단위라는, 이제껏 쓰지 않았던 접두어가 고개를 내밀기 시작한다. 우리에게 친숙한 헥토(10^2), 데시(10^{-1}), 센티(10^{-2}) 등의 단위를 제외하면 1,000배(10^3)마다 접두어가 달라진다. 흔히 쓰는 수의 접두어를 다음 쪽에 소개했다.

한국을 비롯한 한자권 나라에도 자릿수를 나타내는 말이 있다. 수가 커지면 처음에는 '십, 백, 천, 만' 하고 10배씩 커질 때마다 단어가 달라지다가, '억'부터는 만 배(10^4)마다 '억, 조, 경…' 하고 명칭이 달라진다. 반면 1보다 작은 수의 자릿수 이름은 10^{-1}마다 다르다.

• 그리스 문자의 대문자와 소문자 읽는 법

또 하나, 단위를 읽다 보면 어려운 순간이 찾아온다. 바로 그리스 문자가 등장할 때인데, 대문자와 소문자를 구별하는 것조차 어렵다.

예를 들어 Δ를 '델타'라고 읽으면, δ는 뭐라고 읽어야 할까?

사실 δ는 Δ의 소문자로(Δ가 대문자, δ가 소문자), 똑같이 델타라고 읽는다. 이러한 글자들은 같은 문자로 보이지 않아 어렵게 느껴질 수 있다. 그래서 그리스 문자 읽는 법도 표로 정리했다.

SI 단위계 접두어(큰 수 · 작은 수)

수	지수	기호	이름
1,000,000,000,000,000,000,000,000	10^{24}	[Y]	요타
1,000,000,000,000,000,000,000	10^{21}	[Z]	제타
1,000,000,000,000,000,000	10^{18}	[E]	엑사
1,000,000,000,000,000	10^{15}	[P]	페타
1,000,000,000,000	10^{12}	[T]	테라
1,000,000,000	10^{9}	[G]	기가
1,000,000	10^{6}	[M]	메가
1,000	10^{3}	[k]	킬로
100	10^{2}	[h]	헥토
10	10^{1}	[de]	데카
1			

지수	기호	이름	수
10^{-1}	[d]	데시	0.1
10^{-2}	[c]	센티	0.01
10^{-3}	[m]	밀리	0.001
10^{-6}	[μ]	마이크로	0.000 001
10^{-9}	[n]	나노	0.000 000 001
10^{-12}	[p]	피코	0.000 000 000 001
10^{-15}	[f]	펨토	0.000 000 000 000 001
10^{-18}	[a]	아토	0.000 000 000 000 000 001
10^{-21}	[z]	젭토	0.000 000 000 000 000 000 001
10^{-24}	[y]	욕토	0.000 000 000 000 000 000 000 001

그리스 문자 표기와 읽는 방법

대문자	소문자	읽는 방법
Α	α	알파
Β	β	베타
Γ	γ	감마
Δ	δ	델타
Ε	ε	엡실론
Ζ	ζ	제타
Η	η	에타
Θ	θ	세타
Ι	ι	요타
Κ	κ	카파
Λ	λ	람다
Μ	μ	뮤

동아시아의 큰 수 · 작은 수 단위와 읽는 방법

일	一	1
십	十	10
백	百	100
천	千	1000
만	万	10^{4}
억	億	10^{8}
조	兆	10^{12}
경	京	10^{16}
해	垓	10^{20}
자	秭	10^{24}
양	穣	10^{28}
구	溝	10^{32}
간	澗	10^{36}
정	正	10^{40}
재	載	10^{44}
극	極	10^{48}
항하사	恒河沙	10^{52}
아승기	阿僧祇	10^{56}
무량수	那由他	10^{60}
불가사의	不可思議	10^{64}
무량대수	無量大数	10^{68}

일	一	1
분	分	0.1
리	厘	0.01
모	毛	0.001
사	糸	10^{-4}
홀	芴	10^{-5}
미	微	10^{-6}
섬	繊	10^{-7}
사	沙	10^{-8}
진	塵	10^{-9}
애	挨	10^{-10}
묘	渺	10^{-11}
막	漠	10^{-12}
모호	模糊	10^{-13}
준순	逡巡	10^{-14}
수유	須臾	10^{-15}
순식	瞬息	10^{-16}
탄지	弾指	10^{-17}
찰나	刹那	10^{-18}
육덕	六徳	10^{-19}
허	虚	10^{-20}
공	空	10^{-21}
청	清	10^{-22}
정	浄	10^{-23}

허(10^{-20}) 이하부터는 다른 분류도 있다.

대문자	소문자	읽는 방법
N	ν	뉴
Ξ	ξ	크시
O	ο	오미크론
Π	π	파이
P	ρ	로
Σ	σ	시그마
T	τ	타우
Υ	υ	입실론
Φ	φ	피
X	χ	키
Ψ	ψ	프시
Ω	ω	오메가

5 로마체와 이탤릭체의 사용 구분

단위와 기호에는 다양한 접두어와 그리스 문자가 쓰이는데, 각각 사용법이 다르다. 구체적으로는 아래와 같은 구분이 있어 헷갈려 하는 사람이 많다.

① 알파벳과 그리스 문자의 구분

② 위 ①의 로마체와 이탤릭체(기울인 서체)의 구분

이 문자들은 어떻게 구분하여 사용할까? 따로따로 외우려고 하면 어렵지만 규칙을 익히면 어느 정도까지는 판단할 수 있다.

• 알파벳이 기본, 그리스 문자는 관습

SI 단위계로 단위를 나타낼 때는 7가지 기본 단위를 이용한다. 기본 단위는 전부 알파벳(abc…)으로 표기한다.

그런데 밀도(*ρ*: 로), 전기 저항(Ω: 옴), 전기 전도율(σ: 시그마) 등 어떤 기호들은 그리스 문자(*α β γ*…)를 쓴다. 이는 관습적인 표기법이다.

• 단위는 '로마체', 물리량은 '이탤릭체'

유럽의 글자에는 로마체, 이탤릭체 등 다양한 형태가 있다.

로마체란 'abcde…xyz'와 같이 똑바로 서 있는 글자를 말한다. 직립체 혹은 정체라고도 한다.

반면 **이탤릭체**란 '*abcde…xyz*'와 같이 글자가 기울어져 있는데, 경사체라고도 부른다.

이러한 글자를 단위에 쓸 때는 사용법이 정해져 있다.

① 단위 기호는 로마체로 쓴다(숫자도 마찬가지).

② 물리량 기호는 이탤릭체로 쓴다.

예제 '1m'와 아인슈타인의 '$E=mc^2$'의 표기는 로마체와 이탤릭체로 각각 어떻게 나타낼 수 있을까?

정답 1m의 'm'는 길이를 나타내는 단위 기호이므로 위의 '① 단위 기호'에 해당해서 로마체로 쓴다. 따라서 'm'.

$E=mc^2$의 경우 우선 m은 질량을 가리키므로 '② 물리량 기호'에 해당해서 이탤릭체로 쓴다. 따라서 '*m*'. 에너지를 가리키는 E와 광속을 가리키는 c 역시 '① 단위 기호'가 아니라 '② 물리량 기호'를 나타내므로, 이탤릭체로 *E*, *c*라고 쓴다. 제곱의 숫자 2는 기울이지 않고 그대로 쓴다.

따라서 올바른 표기는 아래와 같다.

1m, $E=mc^2$

• 대문자와 소문자의 사용법

자릿수를 나타내는 접두어에는 대문자와 소문자가 있다. 규칙이니 기억해 둘 수밖에 없다.

26페이지 표에도 실려 있듯 큰 수는 기본적으로 대문자이다. de(데카), h(헥토), k(킬로)만 소문자이고, 나머지인 M(메가), G(기가) 등은 전부 대문자이니 기억하는 게 별로 어렵지 않을 것이다. 따라서 1㎞를 1Km 또는 1KM 등으로 쓰는 것은 잘못된 표기이다.

또 작은 수일 경우에는 전부 소문자로 쓰니, 이것도 틀릴 염려가 별로 없을 것이다.

큰 수는 다음과 같은 경우도 있다.

eV(전자볼트)

keV(킬로전자볼트) = 1,000eV = 10^3eV

MeV(메가전자볼트) = 1,000,000eV = 10^6eV

GeV(기가전자볼트) = 1,000,000,000eV = 10^9eV

eV란 전자볼트 또는 일렉트론볼트라고 부르는데, 에너지 단위 중 하나이다. 따라서 로마체로 쓴다. 여기서 MeV, GeV는 첫 글자를 M(메가), G(기가)와 같이 대문자로, k(킬로)는 유일하게 소문자로 쓴다.

또, 24쪽 SI 단위계의 7개 기본 단위에도 대문자 A(암페어), K(켈빈)과 소문자(나머지 5개)가 섞여 있는데, 대문자의 단위 기호는 인명에서 유래하였다.

리터의 단위 기호는 원래 소문자 l(엘)로 했어야 하지만 l이라고 쓰면 숫자 1 혹은 대문자 I와 구별하기 어렵기 때문에 대문자 L을 추천한다. 이탤릭체 *l* 이나 필기체 ℓ로 쓰는 것은 원칙적으로 잘못된 표기다.

• A(암페어)는 ampere라고 써도 된다

SI 단위계처럼 인명에서 유래한 단위 기호는 대문자로 쓴다. 다만 이러한 단위 기호는 완전히 철자로 풀어써도 되는데, 그럴 경우에는 아래와 같이 소문자로 쓴다.

(암페어를 철자로 쓰는 경우) 1A → 1**ampere**

단위 기호는 어떤 경우에도 '단수형'으로 쓴다. 10A라고 해서 10As라고 쓰지 않는다. 하지만 위와 같이 완전한 철자(ampere)로 쓸 경우에는 복수형으로 s를 붙여도 안 붙여도 상관없다.

(철자로 쓸 때는 복수형도 가능) 10A → 10**amperes**

6 다양한 단위계와 국제기관

글로벌한 세계에 살고 있는 우리는 전 세계 사람, 사회, 기관과 밀접하게 이어져 있다. 따라서 단위를 저마다 다르게 쓴다면 경제 활동에 큰 지장이 생길 것이다. A국과 B국의 단위량(길이, 무게 등)이 다르다면 양국 간의 무역 거래도 곤란해진다.

• 국제단위(cgs→MKSA→SI 단위계)

그래서 '국제적인 단위계를 만들어 쓰자'고 합의를 보았고, 국제단위가 제정되었다. 처음에는 미터법 단위를 이용해 길이(㎝), 무게(g), 시간(s)이라는 세 가지 기본 단위로 표현한 것이 채택되어 cgs 단위계라고 불렀다.

그런데 이 단위계로는 전자기의 양을 제대로 나타낼 수 없었기 때문에 다음으로 길이(m), 무게(kg), 시간(s), 전류(A)라는 네 가지를 기본 단위로 한 MKSA 단위계가 설정되었다. 1971년에는 한 발 더 나아가 온도(K: 켈빈)와 광도(cd: 칸델라), 물질량(mol: 몰)이 추가되어 현재의 SI 단위계가 탄생했다. 총 7개의 단위를 '기본 단위'로 한 국제단위계이다.

• 지역에 남아 있는 전통 단위

하지만 규격을 통일한 후에도 여전히 전통 단위계가 남아 있는 나라가 많다. 그중 하나가 길이(야드), 무게(파운드)를 기본으로 하는 야드파운드법인데, 주로 서양에서 쓴다. 이것마저 영국, 미국 등 나라마다 조금씩 다르다. 다들 난감해하고 있지만 이미 사회 구석구석까지 침투한 단위계를 새로 변경하기란 어려운 일이어서 지금도 SI 단위계와 함께 쓰고 있다.

동아시아 국가에도 척관법이라는 전통 단위계가 있다. 한국은 1905년 미터법을 도입하였고, 1964년부터는 척관법과 야드파운드법의 사용이 금지되었으나 여전히 척관법이 혼용되고 있다. 이렇듯 각 나라, 각 지역 특유의 단위계가 존재하는 가운데, 국제 표준 단위가 규정되어 전 세계에 퍼져 나가고 있다. 이러한 표준 단위는 어디서 어떤 방식으로 정해지는 것일까?

• 국제적인 도량 기관 CGPM

SI 단위계를 비롯하여 미터법을 바탕으로 한 국제단위를 결정하는 기관은 국제도량형총회(CGPM)다. 1889년 프랑스에서 창설된 회의로, 1960년 이후부터는 거의 4년마다 파리에서 개최되고 있다. 2018년에는 제26회 총회가 열렸다. 제1회 총회 때는 미터원기가 결정되었다. 현재 가맹국은 51개국이며 그밖에 17개의 준가맹국이 있다. 국제도량형총회의 하부 조직에는 국제도량형위원회(CIPM)와 국제도량형국(BIPM)이 있다. 국제도량형위원회는 1875년에 설립한 기관인데, 국제도량형총회에서 결정된 사항은 국제도량형위원회가 대리 집행하기 때문에 이곳이 사실상 이사기관이다.

한편 국제도량형국은 국제도량형위원회의 관리 아래 사무국 겸 연구소로 기능하고 있다. 국제도량형국이 맡은 중요한 역할 중 하나는 정확한 세계 시간을 유지하는 것이다. 그래서 전 세계 가맹국의 원자 시간 표준을 종합하여 공식 협정 세계시(UTC)를 만든다.

• 한국의 도량 기관

한국에서는 산업통상자원부 소속기관인 국가기술표준원에서 단위를 관리하고 있다. 국가기술표준원은 국제단위계를 바탕으로 한 법정 단위를 지정하고 계량에 대한 법률을 지속적으로 개정하여 우리 기술의 국제 표준화를 선도하고 있다.

미터 조약을 바탕으로 한 국제 도량 기관

국제도량형총회(CGPM)
모든 가맹국으로 구성, 4년에 한 번 개최

관련 국제기관
IAU, ISO, IUPUC, WHO 등

국제도량형위원회(CIPM)
매년 1회 개최

CIPM에서 구체적인 자문을 위탁받음

국제도량형국(BIPM)

각종 위원회

① 전기·자기 자문위원회(1927)
② 측광·방사 측정 자문위원회(1933)
③ 측온 자문위원회(1937)
④ 길이 자문위원회(1952)
⑤ 시간·주파수 자문위원회(1956)
⑥ 방사선 자문위원회(1958)
⑦ 단위 자문위원회(1964)
⑧ 질량 관련량 자문위원회(1980)
⑨ 물질량 자문위원회(1993)
⑩ 음량·초음파·진동 자문위원회(1999)

( )는 창설된 해

각국 기관

한국의 경우 산업통상자원부 산하의 국가기술표준원과 대표 측정 표준 연구기관인 한국 표준과학연구원 등이 활약하고 있다.

COLUMN 1

우리나라 단위 변천사

역사적으로 우리나라 도량형에 대한 기록은 삼국 시대로 거슬러 올라간다. 《삼국사기》나 《삼국유사》 등에 '척', '석', '근' 등의 단위가 나오고, 삼국 시대의 석제 저울추, 통일 신라 시대의 청동제 12지상 저울추 등이 출토된 점으로 미루어 일찍부터 도량형의 역사가 시작되었다고 할 수 있다.

통일 신라 시대의 도량형 제도는 고려 시대에도 계속되었는데, 매년 봄, 가을로 관가나 개인이 사용하는 저울, 섬, 말, 되, 밀대, 장척을 검사하게 하고, 지방 관청에서 이 일을 맡아 보도록 했다.

조선 시대에는 도량형 제도를 정비했다. 고종31년 (1895년) 갑오경장으로 '내무아문'에서 신식의 도량형제를 선포하고, 광무 6년 (1902년) 에는 정식으로 도량형기의 제조 검정 기관인 '평식원'을 따로 설치하고, 도량형 규칙을 정하여 서구식의 도량형제를 도입했다. 광무 9년

(1905년) 에는 법률 제1호로 도량형법을 정하고, 농상공부령으로 도량형기 판매 규칙을 정했다. 융희 3년(1909년) 9월 21일에는 도량형법을 개정하고, 시행 규칙을 반포함으로써 일본식 도량형제를 도입했다.

근대 이후 도량형은 길이, 질량, 부피에서 시간, 온도, 기압 등 각종 측정 분야로 확대되었으며, 전통 도량형기는 점차 사라져 갔다.

1964년에는 미터법을 전면 실시하여 야드, 파운드와 척관법 사용을 금지했다. 그러나 평(넓이), 관, 근(무게), 되(부피) 등의 전통 단위는 여전히 곳곳에서 혼용되고 있다.

제1부

SI 단위계를 중심으로 한 7가지 세계

시간 길이 무게 전자기 온도 물질 빛

CHAPTER

1

시간의 단위와 기호

1 초 [s]

시간의 기본 단위

단위·기호			
	S	읽는 법	초(세컨드)
		의미	세슘 원자 진동 주기의 91억 9,263만 1,770배

의미·정의

'초(*s*)'는 원자가 방출하는 빛의 파장 주기에 따라 정의된다. 세슘(Cs)의 동위원소인 ^{133}Cs 원자는 절대온도 0도에서 정지한 상태로 빛을 방출한다. 이는 바닥상태에 있는 ^{133}Cs 원자가 두 초미세 구조 준위 사이를 전이하면서 나타나는 현상이다. 요컨대 1초의 정의는 '이 복사 주기의 91억 9,263만 1,770배 지속되는 시간'이다.

원자는 전자로 이루어져 있고, 전자는 어느 전자껍질에 속하느냐에 따라 고유한 에너지를 갖고 있다. 이것을 전자의 에너지 준위라고 부른다. 어떤 에너지 준위의 전자가 낮은 에너지 준위로 이동(전이)하면 그 에너지의 차이(ΔE)에 해당하는 에너지를 전자파로 방출한다.

전자파의 진동수 ν(뉴)와 에너지 E 사이에는 플랑크 상수(h)를 매개로 아래와 같은 관계가 성립한다.

$$E=h\nu$$

여기서 진동수란 1초 동안 진동한 횟수를 말한다. 따라서 1회 진동에 걸린 시간, 주기에 진동수를 곱하면 1초가 된다는 계산이 나온다.

단위 · 기호의 유래

'초'라는 단위는 원래 '1일'이라는 단위에서 나왔다. 지구가 한 번 자전하는 데 걸리는 시간을 '1일'이라고 정하고, 그 24분의 1을 '1시간', 그 60분의 1을 '1분', 또 그 60분의 1을 '1초'라고 정한 것이다.

하지만 천문 관측이 정밀해지면서 지구 자전 시간에 변동이 있다는 사실이 드러났고, 기존의 정의는 과학적으로 요구되는 정밀함에 대응하지 못한다는 것을 알게 되었다. 그래서 1960년에 지구 공전 주기를 기준으로 개정하였다.

그런데 그 정의 역시 요구에 맞아떨어지지 않아, 1967년에 새로 정의한 것이 ^{133}Cs를 이용한 현재의 정의이다.

그 후 1997년에 '절대온도 0도(−273℃)에서 정지했다'라는 조건을 붙여 지금에 이르게 되었다. 현재 정의에서 상대적인 불확실함은 10^{-12}로 두고 있다.

예제 '초'에 대한 정의를 보면 세슘이 '절대온도 0도(−273℃)에서 정지된 상태'라는 조건이 붙어 있다. 그 이유는 무엇인가?

정답 초의 기본인 진동수 v(뉴)는 앞의 공식 $E=hv$에 따라 에너지 E의 영향을 받는다. 온도가 올라가면 열에너지가 더해지고, 운동하면 운동에너지가 더해져 v가 변동한다. 그래서 이러한 조건을 붙였다.

쓰이는 분야

초는 시간의 '기본 단위'인 동시에 빛이 단위 시간에 얼마만큼의 거리를 이동했는지 보는 속도 단위이기도 하다. 이러한 사실은 거리 단위인 미터의 정의에도 이용된다.

원자와 분자의 활동은 몹시 짧은 시간에 일어난다. 이러한 분야의 연구에서는 1초를 더욱 세분화한 시간 단위를 쓴다. 또 반대로 천문학 분야에서는 몹시 긴 시간 단위가 요구된다. 그러한 시간 단위를 다음 표로 정리했다.

초(s)의 단위

값	기호	명칭	값	기호	명칭
10^{-1} s	d	데시초	10^{1} s	des	데카초
10^{-2} s	c	센티초	10^{2} s	hs	헥토초
10^{-3} s	m	밀리초	10^{3} s	ks	킬로초
10^{-6} s	μs	마이크로초	10^{6} s	Ms	메가초
10^{-9} s	ns	나노초	10^{9} s	Gs	기가초
10^{-12} s	ps	피코초	10^{12} s	Ts	테라초
10^{-15} s	fs	펨토초	10^{15} s	Ps	페타초
10^{-18} s	as	아토초	10^{18} s	Es	엑사초
10^{-21} s	zs	젭토초	10^{21} s	Zs	제타초
10^{-24} s	ys	욕토초	10^{24} s	Ys	요타초

관련 지식 〈찰나 · 념〉

짧은 시간을 표현할 때 종종 '일순, 순간, 찰나'와 같은 단어를 쓴다. 그중에서도 '찰나'는 뭔가 종교적인 느낌이 난다. 그도 그럴 것이 찰나는 불교에서 쓰는 시간 단위이기 때문이다. 그리고 찰나보다 더 짧은 궁극의 시간이 '념'인데, 찰나의 60분의 1 혹은 90분의 1에 해당한다.

찰나의 길이에 대해서는 여러 가지 설이 있다. 손가락을 한 번 튕기는 시간이 65찰나라고 하고, 또 불교 경전 《대비파사론(大毘婆沙論)》을 보면 하루가 6,480,000찰나라는 내용이 나온다. 계산하면 75분의 1초밖에 되지 않는다.

이렇게 보면 불교는 긴 시간에는 강하지만 짧은 시간에는 약한 것 같다. 다만, '찰나를 물리적인 시간으로 생각하는 것 자체가 틀렸다'라는 설도 있으니 부처가 이 말을 들으면 경을 칠지도 모르겠다.

COLUMN 2

세슘 원자시계

우리는 시간을 알고 싶을 때, 기록을 잴 때 시계를 쓴다. 시계는 종류가 아주 많다. 고대의 해시계, 물시계, 향시계 등부터 근대의 태엽식 기계 시계, 쿼츠 시계, 전파시계, 그 바탕이 되는 원자시계 등 몹시 다양하다

현재, 가장 정확한 것으로 알려진 시계는 원자시계이다. 이 시계는 원자가 특정 에너지 $E=h\nu$를 흡수해서 들뜬 상태로 이동(승위)하는 원리를 이용했다. 원자가 전자파를 흡수해 들뜬 상태가 되려면 그 전자파의 진동수가 원자 고유의 진동수와 일치해야 한다. 따라서 원자에 흡수되는 전자파의 진동수를 감시하면 정확히 1초를 유지할 수 있는 것이다.

그런데 원자에 따라서는 진동수에 변화가 생길 때도 있다. 제일 신뢰할 수 있는 원자는 세슘으로, 진동수가 **9,192,631,770Hz**(헤르츠)이다.

따라서 현재 가장 신뢰할 수 있는 원자시계는 세슘을 이용한 세슘 원자시계로, 그 오차는 1억 년에 1초이다. 일반적인 수정을 이용한 쿼츠 시계는 10일에 1초, 특별히 정밀도가 높은 시계라도 100년에 1초의 오차가 난다.

한편 기계식 시계는 정확도가 떨어져 취미 용품의 느낌을 준다. 중력의 영향을 배제한 투르비용('회오리'라는 의미) 장치가 된 최고로 정밀한 시계라도 온도 차이 등의 영향을 받을 수밖에 없는데, 그 일일 변화율이 1초 정도라고 하지만 +1초, −1초가 매일 쌓이다 보면 월차* 1초가 될 수도 있다. 기계식 시계가 실용성이 떨어지는 이유 중 하나이다.

* **월차**: 태양의 인력으로 달의 공전 운동에 나타나는 주기적인 오차.

2 분 [min], 시 [h], 일 [d]

일상적으로 쓰는 짧은 시간 단위

단위·기호	min, h,d	읽는 법	분, 시, 일
		의미	분=60초, 시=3,600초, 일=86,400초

의미 · 정의

'분', '시', '일'은 시간의 기본 단위인 '초'를 써서 다음과 같이 정의할 수 있다.

분(min): 1분=60초

시(h): 1시간=60분=3,600초

일(d): 1일=24시간=1,440분=86,400초

1초는 원자시계를 이용해서 거의 궁극의 정밀도가 보장된다. 1분, 1일, 1시간의 길이 역시 정확하게 정의된 1초의 정수 배이므로, 초와 마찬가지로 아주 정밀하다.

단위 · 기호의 유래

min, h, d의 유래가 minute(분), hour(시), day(일)라는 사실은 추측할 수 있을 것이다. 그런데 앞에 나온 '초', 그리고 이번에 나온 '분', '시', '일'이라는 개념은 어떻게 해서 생겨났을까?

고대에는 시간의 기본 단위가 태양의 움직임에 맞춘 '일(日)'이었다. 그것을 24로 나누어 '시(時)'라는 단위가 탄생했다. 시를 더 나눈 '분(分)'과 '초(秒)'라는 단위가 등장한 것은 기계식 시계가 발명된 1250년 무렵이다. 라틴어로 pars minuta prima(제일 작은 부분), pars minuta secund(두 번째로 작은 부분)라고 부르는 시간 단위가 탄생한 것이다. 이것들을 각각 영어로 minute(분), second(초)라고 부르게 되었다.

한편 분과 시를 60으로 나눈 것은 바빌로니아의 육십진법에 의한 것이다.

쓰이는 분야

시간을 재는 것이 시계밖에 없다고 생각하기 쉽지만, 시계 말고 다른 도구를 이용해서도 시간을 알 수 있다.

절에서는 대략 40~45분 동안 좌선을 한다. 이때 향 하나가 다 타는 데 걸리는 시간을 단위로 하는데, 이를 '일주(一炷)'라고 부른다.

술을 다 마시고 일어나려고 할 때 상대방이 "한 병만 더!" 하면서 잡아끄는 것은 술병 하나를 비우는 시간(15분 정도) 동안 더 있자는 것인지도 모른다.

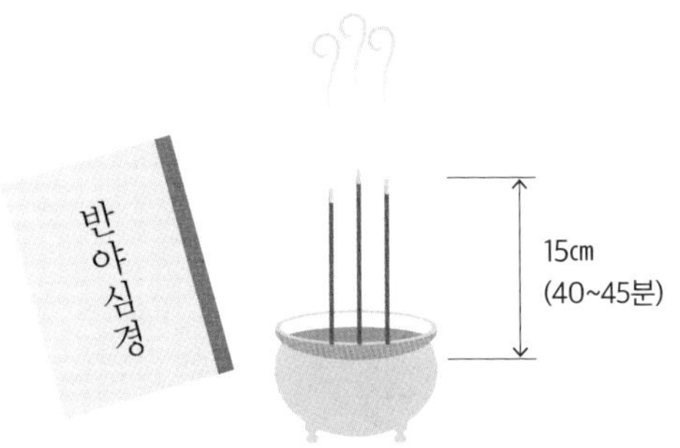

3 월 [m], 년 [y]

일상적으로 쓰는 긴 시간 단위

단위·기호	읽는 법	월, 년
m, y	의미	1년=365.24218944일

의미·정의

한 달은 28일~31일, 일 년은 365일~366일이다. 왜 이렇게 일정하지 않을까? 그 이유는 1일은 지구 자전을 기준으로 한 단위인 반면, 1년은 지구 공전을 기준으로 한 단위이기 때문이다.

그래서 정확하게 말하면 1년은 365일이 아니라 365.24218944일이다. 유명한 태양력으로 1년을 365.25일로 한 **율리우스력**이 있다. 이 달력은 로마 제국의 종신 독재관이었던 율리우스 카이사르(B.C. 100~B.C. 44)가 정한 것으로,

자전·공전 관계와 세차 운동

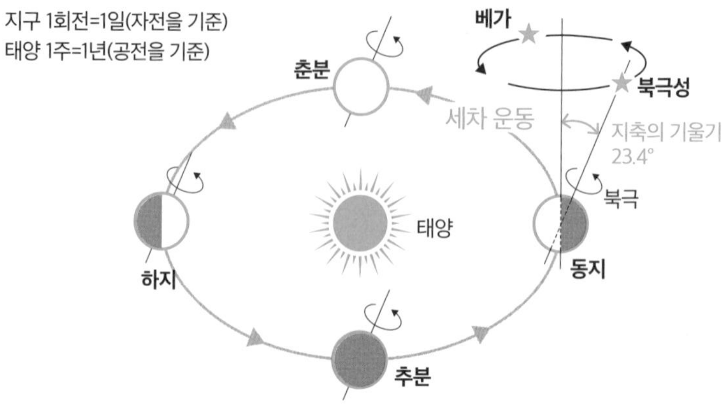

지구 1회전=1일(자전을 기준)
태양 1주=1년(공전을 기준)
베가
춘분
북극성
세차 운동
지축의 기울기 23.4°
북극
하지
태양
동지
추분

1년을 365일로 정하고 4년에 한 번 윤년(1년을 366일로 하는 해)을 만들어 조정한 결과 1년=365.25일이 되었다.

단위 · 기호의 유래

현재 우리가 쓰는 달력은 1582년에 로마 교황 그레고리우스 13세(1502~1585)가 제정한 역법으로 그레고리력이라 부른다. 율리우스력과 마찬가지로 이것도 태양력이다. 지구가 태양의 주위를 한 번 도는 시간을 1년으로 정하고 지구가 1회 자전하는 데 걸리는 시간을 하루로 보았는데, 율리우스력보다 훨씬 정밀하다.

그런데 앞에서 봤듯 1년=365.24218944일인데 1년=365일로 정하면 년과 일 사이에 오차가 생긴다. 문제는 얼마나 되는 간격으로 윤년을 두는가인데, 그레고리력은 윤년을 다음과 같이 설정하였다.

'4년마다 돌아오는 해를 윤년으로 삼는데, 서력 기원 연수가 100으로 나누어떨어지는 해는 평년으로 한다. 단, 400으로 나누어떨어지는 해는 윤년이다.'

예를 들어 1900년은 평년, 2000년은 윤년이다. 2004, 2008, 2012, 2016, 2020년은 윤년, 2100년은 평년이다. 윤년은 400년 동안 97일의 윤일을 두고, 400년에 걸친 평균 일수는 1년=365.2425일이 된다.

쓰이는 분야

'년'은 지구 공전을 기준으로 한다. 따라서 사계절의 변화가 있고 인간의 수명도 대략 100년 이하여서 정권이 이어진 단위, 역사의 단위로도 쓰이고 있다.

파생 단위

- 1세기: 100년
- 대년(Great Year): 약 28,000년. 지구가 공전하면서 자전축의 세차 운동 때문에 춘분점이 이동해 한 바퀴 도는 데 걸리는 시간.
- 은하년: 1은하년=약 2억 년. 태양계가 초속 200㎞의 속도로 은하계를 일주하는 데 걸리는 시간.
- 플라톤 년(Platonic Year): 36,000년. 고대 그리스의 철학자 플라톤은 '역사는 순환한다'고 생각했는데, 그 주기를 36,000년으로 보았다. 이는 플라톤적 전회라고도 부른다.

관련 지식 〈태양력〉

현재 전 세계에서 널리 쓰는 것은 태양력이지만, 달력에는 달이 차고 기우는 것을 기준으로 한 태음력도 있다.

순수 태음력은 한 달의 길이와 일 년의 길이 모두 달의 삭망에 따라 결정된다. 달은 지구의 주위를 공전하는데 그 주기를 '평균 삭망월'이라고 하며 약 29.530589일이다. 태음력에서는 1삭망월을 한 달로 보고, 열두 달을 1년(1태음년)으로 정했다. 따라서 1태음년은 29.530589일×12=354.36707일이다. 그래서 한 달이 29일인 달(작은달)과 30일인 달(큰달)을 각각 6번씩 두어 1태음년을 총 354일로 정하였다. 하지만 이렇게 하면 1년마다 0.36707일이라는 오차가 생기기 때문에 3년에 한 번 정도 작은달의 일수를 하루 늘려 1태음년을 355일로 하고, 윤년으로 삼는다.

한편 1태음년은 1태양년(365.242189일)에 비해 약 11일 짧아, 계절상 3년에 한 달 이상의 오차가 생긴다. 순수 태음력에서는 이 오차를 조정하지 않기 때문에 대략 33년마다 원래 계절로 돌아오게 된다. 이슬람교 사회 일부에서는 지금도 이 역법을 쓰고 있다.

제1부

SI 단위계를 중심으로 한 7가지 세계

시간 길이 무게 전자기 온도 물질 빛

CHAPTER

2

길이·면적·부피의 단위와 기호

1 미터 [m]

미터법 길이의 기본 단위

단위·기호			
m	읽는 법	미터
	의미	빛이 진공 상태에서 1/299,792,458초 동안 나아가는 길이

의미 · 정의

1미터(m)를 기본 단위로 하는 '미터법'은 과학 전반에서 쓰는 길이의 단위로, 가장 엄밀히 정의되어 있다. 그만큼 제일 신뢰할 수 있는 단위이다. 미터법에서 길이는 광속으로 정의한다. 이는 1983년 국제도량형총회에서 결정했다. 그에 따른 1미터의 정의는 다음과 같다.

1m=빛이 진공 상태에서 1초의 299,792,458분의 1에 해당하는 시간 동안 나아간 길이

이는 광속이 초속으로 약 30만km(29만 9792.458km)라는, 일반적으로 잘 알려진 사실을 근거로 해서 그 역수 '약 3억분의 1초'를 바탕으로 엄밀하게 정의된 것이다.

단위 · 기호의 유래

미터라는 이름은 '자' 혹은 '계측'을 의미하는 고대 그리스어 '메트론'에서 유래한 조어이다. 영어로는 metre(meter라고도 씀)라고 쓰고 미터라고 읽는다. 가끔 "메타"라고 읽는 사람도 있는데 그것은 속어이지 정식 명칭이 아니다.

• 길이에 관한 다양한 정의

옛날에는 나라와 민족에 따라 다른 단위의 길이를 사용했다. 이 단위를 통일하여 보편적 길이 단위를 정하려는 시도는 17세기 무렵에 이루어졌다. 주요 정의를 살펴보자.

ⓐ 진자를 근거로 한 정의

1668년경, 영국의 천문학자 크리스토퍼 렌(Sir Christopher Wren, 1632~1723)은 2초 간격으로 움직이는 진자의 길이를 표준 길이로 정할 것을 제안했다. 이 진자의 길이는 현재 997㎜여서, 나중에는 이를 바탕으로 하여 1m=1,000㎜인 현재의 기본 길이가 탄생했다.

ⓑ 자오선을 근거로 한 정의

그 후, 대항해시대(15~17세기)가 되자 '전 세계 공통 표준 길이를 만들자'는 바람이 현실로 다가왔다. 그때 나온 기본 단위 후보로는 다음 세 가지가 있다.

① 위 ⓐ에서 본 진자의 길이

② 지구 적도 길이의 4,000만분의 1

③ 지구 자오선 길이의 4,000만분의 1

여기서 '4,000만분의 1'이라고 정한 이유는 그 길이가 진자의 길이로 규정한 '1m'와 거의 일치했기 때문이다.

①은 2초 간격으로 움직이는 진자의 길이가 중력의 영향을 받아 지역에 따라 달라질 수 있고, ②는 적도에서 거리를 재는 것은 기온과 전염병 등의 원인 때문에 현실적으로 힘들어서, 결국 ③자오선의 총 길이를 계측하는 방법이 채택되었다.

프랑스과학아카데미는 1792년부터 삼각측량법을 이용한 실측을 시작했다. 그런데 이때는 프랑스혁명(1789년 7월 14일~1794년 7월 28일)이 한창인 시기였기에, 측량대는 측량 기구 때문에 반혁명 스파이 활동을 한다고 의심받

기도 하고 스페인에서 발이 묶이는 등 많은 고난을 겪었다고 한다. 그러다가 1798년 마침내 북극에서 파리를 지나 적도에 다다르는 자오선 총 둘레의 4분의 1을 실제로 측량하는 데 성공했다.

1799년, 프랑스는 **자오선 길이의 1,000만분의 1**을 1m로 규정했다. 그리고 이 길이를 바탕으로, 백금(Pt)으로 이루어진 '길이 원기'를 만들었으며, 그 부원기를 프랑스 국립중앙문서관에 보관했다. 이 원기를 **기록원 킬로그램(Kilogramme des Archives)**이라고 부른다.

ⓒ 표준 원기를 근거로 한 정의

그런데 지구과학이 발전하면서 지구가 완전한 구가 아니라는 사실을 알게 되었고, 자오선의 길이를 표준 길이로 채택한 것에 의미가 없어졌다. 그래서 그때까지 부원기로 정했던 기록원 킬로그램의 길이 자체를 표준 길이로 결정했나.

그 후 기록원 킬로그램을 바탕으로 백금(Pt) 90%, 이리디움(Ir) 10%로 이루어진 합금 원기를 만들고 이것을 국제 **미터원기**로 정했다. 이 원기가 나타내는 길이를 0℃에서 측정해 1m로 정의했다. 이 원기는 귀금속 합금으로, 부식에는 강하지만 팽창 계수가 특별히 작은 것은 아니다. 하지만 측정 온도를 엄밀히 정했으므로 팽창에 따른 측정 오차는 걱정할 필요가 없었다.

ⓓ 스펙트럼을 근거로 한 정의

미터원기는 제작 초기부터 오차가 지적되었고, 그게 아니더라도 파손이나 불에 탈 위험이 있었다. 그래서 **자연계에 보편적으로 존재하는 것으로 다시 길이를 규정하자**는 의견이 나왔다. 그 결과 채택된 것이 바로 원자가 방출하는 빛의 파장에 의한 정의였다.

1960년, 국제도량형위원회에서 크립톤(Kr) 동위원소 중 하나인 크립톤86(86Kr)이 내뿜는 주황색~붉은색 발광 스펙트럼 파장의 1,650,763.73배를

1m로 하자고 결정했다. 소수점 밑으로 '0.73'이라는 어중간한 숫자가 붙는 것은, 표준 길이를 미터원기 1m와 최대한 비슷하게 하려는 의도 때문이다.

ⓔ 빛을 근거로 한 정의

그런데 크립톤의 스펙트럼 파장을 측정할 때 안정성 문제 때문에 재현하기어려웠다. 그래서 앞에 나온 빛을 근거로 한 정의(1m=빛이 진공 상태에서 299,792,458분의 1초 동안 나아가는 길이)로 변경되어 현재에 이르렀다.

• 미터법의 보급

미터 표준 길이가 정해진 후에도 각국에서 써 온 전통 길이가 여전히 남아 있어 미터법 보급에 어려움을 겪었다. 프랑스에서는 1840년 이후로 미터법 외에는 사용을 금하는 법률이 시행되었다. 또 1875년에는 미터 조약이 성립되어, 미터법 보급을 위해 각국이 협력하고 노력했다. 하지만 미국은 적극적이지 않았고, 지금까지도 야드파운드법에 따라 피트와 마일 등 전통 척도가 쓰이고 있다.

현재 미터법을 쓰지 않는 나라는 미국, 미얀마, 라이베리아 세 나라뿐이다. 한국은 1963년 미터법을 도입했고, 1964년부터는 법으로 규제했다. 토지와 건물은 예외 사항으로 두다가 1983년부터는 토지와 건물에 대해서도 규제하고 있다.

쓰이는 분야

현대 과학 산업의 한 분야인 '나노테크'는 나노미터($n=10^{-9}$) 규모의 물질을 다루는 기술을 가리킨다. 원자의 지름은 0.1nm$=10^{-9}$m 규모이므로, 이 기술은 원자 지름의 10배 정도, 즉 큰 분자를 직접 다루는 기술이라고 할 수 있다.

그런데 '지구의 자오선을 계측하는 과정에서 울퉁불퉁한 부분 때문에 꽤 큰 오차가 생기지는 않을까?' 하는 의구심도 충분히 들 것이다. 그게 과연 어느 정도인지 알 수 있는 예제를 한번 풀어 보자.

예제 지구가 완전한 구라고 가정하고, 자오선을 따라 철사로 단단히 묶었다고 생각해 보자. 다음으로 이 철사의 길이를 전체적으로 1m만큼 늘린 결과 지구 표면과 철사 사이에 생기는 빈틈을 자오선 전체에 걸쳐 균등하게 만들었을 때, 과연 이 빈틈을 지날 수 있는 생물이 있을까?

정답 이 예제는 물리 문제라기보다 머리를 쓰는 퀴즈라고 생각해 주기 바란다. 지구를 한 바퀴 감는 철사의 길이는 당연히 엄청날 테니(약 4만 ㎞), 전체 길이를 겨우 1m 늘린다고 해 봐야 오차 범위에 들지도 않을 것이다. 당연히 그 틈새는 오차 범위만큼 작겠지… 그렇게 생각하면 '이렇게 좁은 틈을 통과할 수 있는 생물은 기껏해야 대장균밖에 없다' 싶을 것이다.

하지만 정답, 그러니까 빈틈의 높이는 16㎝이다. 16㎝라면 햄스터가 물구나무서기해서 지나갈 수 있을지도 모른다. 그럼 왜 16㎝인지 풀이 과정을 살펴보자.

지구 반지름을 R, 철사의 길이를 1m 늘린 결과 생기는 틈을 r이라고 하면 그 틈을 더한 지구의 반지름은 $(R+r)$이다. 원주는 ($2\pi\times$반지름)이므로, 틈이 생긴 지구의 원주, 그러니까 늘어난 철사의 길이는 아래와 같다.

$2\pi\times(R+r)\text{m}=2\pi R\ \text{m}+2\pi r\ \text{m}$

그리고 이 길이가 원래 원주의 길이($2\pi R$)에 1m를 더한 것이 되므로,

(이하 m은 생략한다)

$2\pi R+2\pi r=2\pi R+1$

즉,

$2\pi r=1$

$r=1\div 2\pi=0.160\cdots$ (답은 약 16㎝)

16㎝의 높이라면 고양이의 꼬리 끝이 걸릴 수는 있어도 어쨌든 다양한 작

은 동물이 충분히 통과할 수 있다.

이와 같이, 원주를 단 1m만 늘려도 지름이 30㎝나 달라져 버리고 만다. 반대로 생각하면 지름이 조금 달라진다고 해도 원주 길이에 큰 차이는 없는 셈이다.

즉, 자오선 길이를 측량할 때 '지표면이 다소 울퉁불퉁하거나 조수 간만의 차가 있다 하더라도 자오선 측정값에 큰 변화는 없다'는 뜻이다.

파생 단위

긴 거리를 잴 때는 킬로미터(㎞), 짧은 거리를 잴 때는 센티미터(㎝), 밀리미터(㎜), 마이크로미터(㎛) 등을 쓴다. 그 환산은 아래와 같다.

- 1㎞(킬로미터)=1,000m=10^{3}m
- 1㎝(센티미터)=(1/100)m=10^{-2}m
- 1㎜(밀리미터)=(1/1,000)m=10^{-3}m
- 1㎛(마이크로미터)=(1/1,000)㎜=10^{-6}m

옛날에는 μ를 미크론이라고 부르던 시기도 있었지만, 지금은 ㎛(마이크로미터)로 통일했다. 금박의 두께는 1㎛ 안팎이다.

- 1㎚(나노미터)=(1/1,000)㎛=10^{-9}m

원자의 지름은 약 0.1㎚ 정도이다.

- 1Å=10^{-8}㎝=10^{-10}m

Å는 '옹스트롬'이라고 읽는다. 수소 원자의 지름이 약 1Å이어서, 예전에는 원자 지름이나 빛의 파장을 나타내는 단위로 흔히 사용했지만 현재는 쓰지 않는다.

- 1pm(피코미터)=(1/1,000)㎚=10^{-12}m

원자의 지름은 100pm 정도이다.

2 야드 [yd], 피트 [ft], 인치 [in]

서양의 전통 길이 단위

단위·기호	읽는 법	야드, 피트, 인치
yd, ft,in	의미	서양에서 일반적으로 쓰는 길이

의미·정의

서양의 전통 길이 단위인 야드파운드법에서 기본 단위는 피트(ft)다. 피트에는 많은 국가에서 인정되는 국제 피트와 미국에서만 쓰는 측량 피트가 있다.

1국제 피트=0.3048m

1측량 피트=0.304800609m (미국)

이 단위는 단수일 경우에는 foot(푸트), 복수일 경우에는 feet(피트)가 된다. 다만 한국에서는 단수, 복수를 불문하고 전부 피트로 나타내고 있다. 피트는 ft 혹은 프라임(′), 또는 아포스트로피(')로 표시하고, 하부 단위인 인치(in)는 더블프라임(″)으로 나타내기도 한다. 따라서 1′15″라고 쓰면 '1피트 15인치'를 뜻한다.

단위·기호의 유래

예부터 많은 나라에서 길이를 잴 때 신체 부위를 단위로 이용했다. 이러한 척도를 '신체척'이라고 한다. 특히 발의 길이를 많이 썼는데 '푸트'가 발을 뜻한다는 사실로도 알 수 있듯, '피트'는 발의 길이에 근거했다.

그런데 당연한 말이지만 발의 길이는 사람마다 다르다. 그래서 국왕의 발을 표준으로 삼았다. 결과적으로 '1피트'의 길이는 각 나라마다 달랐고, 1959

년에 관계 각국이 협정을 맺어 정한 것이 바로 '국제 피트'였다.

다만 국제 피트가 정해진 이후에도 미국에서는 원래 쓰던 피트를 '측량 피트'라고 부르며 계속해서 썼다.

한편, 야드의 어원은 '곧은 나뭇가지'인데, 아무래도 자를 의미했던 모양이다. 옛날 유럽에서는 엘(ell)이라는 단위를 썼다. 이것은 엘보(elbow: 팔꿈치)에서 파생된 단어로, 어깨에서 손목까지의 길이를 가리킨다. 또 큐빗(cubit)이라는 단위도 있었는데, 팔꿈치에서 손가락 끝까지의 길이로 엘의 대략 절반 길이에 해당한다. 즉, '더블 큐빗'이 엘과 같은 셈고, 엘이 훗날 야드로 발전한 것으로 보인다.

야드의 또 다른 기원으로 앵글로색슨족의 허리 사이즈가 약 1야드였다거나, 영국 왕 헨리 1세의 코끝에서 엄지손가락까지의 거리가 1야드였다는 등 여러 가지 설이 있다.

쓰이는 분야

서양의 측량 단위로 야드파운드법이 있다. 길이 단위로 야드를, 무게 단위로 파운드를 쓴다. 그런데 국제 기준으로 규정된 것은 야드가 아니라 그 하부 단위인 피트이다.

파생 단위

서양에서는 긴 거리를 잴 때 전통적으로 야드(yd), 마일(mi, ml), 짧은 거리를 잴 때는 인치(in) 등을 사용한다.

1국제 마일=1,760야드=1609.344m

1국제 야드=3국제 피트=91.44㎝

1국제 피트=12국제 인치=30.48㎝

1국제 인치=2.54㎝

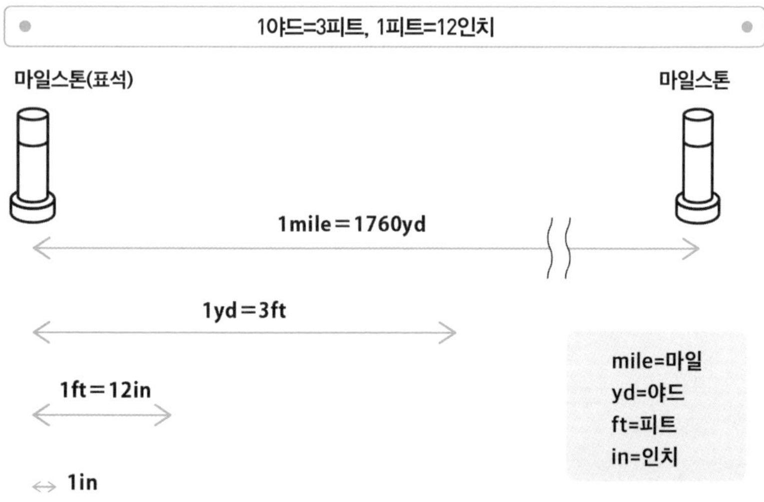

위의 단위는 지상(육지)에서 쓰고, 바다 또는 공중에서는 해리(M) 또는 노티컬마일(NM)이라는 단위를 쓴다.

1해리=1,852m

마일(mile)이라고 했지만 국제 마일 등 육지에서 쓰는 마일과는 전혀 상관없으며, 지구의 위도 1분에 해당하는 길이로 정의된다. 1해리의 10분의 1은 1케이블(cable)이라고 하며, 해상에서 일반적으로 쓰고 있다.

예제 **1마일(국제 마일)은 몇 인치인가?**

정답 위 그림을 참고하면 쉽게 구할 수 있다. 1국제 마일은 1,760야드(yd). 그리고,

1야드(yd)=3피트(ft)=36인치(in)

따라서, 아래와 같다.

1,760×36=63,360인치(in)

3 제곱미터 [m^2]

미터법의 면적 단위

단위·기호			
m^2	읽는 법	제곱미터
	의미	가로 세로 각각 1m인 사각형 면적

의미·정의

면적을 미터 단위로 나타낸 것이 제곱미터(m^2), 킬로미터 단위로 나타낸 것이 제곱킬로미터(㎢)이므로, 아래와 같다.

1㎢$=(10^3)^2m^2=10^6m^2=$100만 m^2

단위·기호의 유래

미터법에서는 길이의 기본 단위가 1m이므로 면적의 기본 단위 역시 '가로 세로 각각 1m인 사각형 면적', 즉 $1m^2$가 된다. 또 미터법에서 1m보다 상위인 단위는 그 1,000배인 1,000m=1㎞이므로, 면적 $1m^2$의 상부 단위는 1㎢이다.

쓰이는 분야

부동산의 땅 매매 광고를 보면 땅 면적이 제곱미터(m^2) 단위로 표시되어 있다.

4 아르 [a], 헥타르 [ha]

실정에 맞춘 미터법의 면적 단위

단위 · 기호	읽는 법	아르, 헥타르
a, ha	의미	미터법의 빈틈을 메우는 면적 단위

의미 · 정의

㎢를 m^2로 환산하면 어떻게 될까? 앞에도 나왔지만, 1㎞=1,000m이므로 1㎢=$(1,000m)^2$=1,000,000m^2 즉, 100만m^2가 된다. 그러니까, m^2와 ㎢는 단번에 100만 배의 차이가 나는 셈이다.

일상에서 쓸 때, 갑자기 100만 배나 차이가 나 버리면 감이 잘 오지 않는다. 그러니 최대한 m^2와 ㎢ 사이에 좀 더 쓰기 편한 단위를 넣고 싶어질 것이다.

이러한 간극을 일상에서 메워 주는 것이 바로 아르(a)와 헥타르(ha)이다. 그 정의는,

1a(아르)는 가로 세로 각각 10m인 사각형의 면적

1ha(헥타르)는 가로 세로 각각 100m인 사각형의 면적

이렇게 보기 쉬운 배율로 되어 있다.

1a=10m×10m=100m^2 (**아르**)

1ha=100m×100m=10,000m^2=100a (**헥타르**)

1㎢=1,000m×1,000m=$10^6$$m^2$=100ha

단위 · 기호의 유래

아르의 어원은 면적을 뜻하는 라틴어 area에서 유래했다. 헥타르는 '헥토+아르'인데, 헥토란 라틴어로 100배를 가리키는 접두어이다. 그래서 헥타르는 아르의 100배가 된다. 헥토는 다른 분야, 이를테면 일기 예보 등에서 헥토파스칼(hPa)이라는 단어를 자주 들어보았을 텐데, 헥토파스칼은 헥토와 마찬가지로 '100배'를 의미한다.

아르, 헥타르라는 단위는 농지 면적을 나타낼 때에는 옛 면적 단위 묘(畝: 30평)와 비슷해서 쓰기 편하지만, 그것 말고는 쓸 일이 별로 없다. 참고로, 아래와 같다.

1묘≒0.99173554a(아르)

m²와 ㎢의 사이를 메우는 a(아르)와 ha(헥타르)

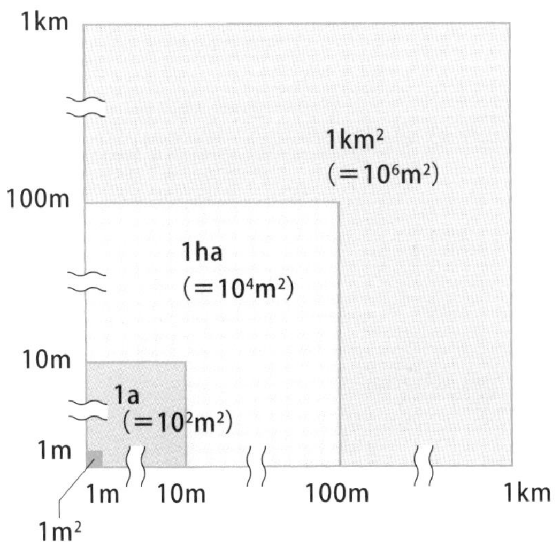

5 에이커 [ac]

서양의 전통 면적 단위

단위 · 기호			
ac		읽는 법	에이커
		의미	서양에서 지금도 쓰고 있는 면적 단위

의미 · 정의

한국에서 일상적으로 쓰는 면적 단위로 한 평, 두 평 등의 단위가 있듯이, 서양에서도 전통 면적 단위가 있고 지금까지 계속 쓰인다.

서양의 길이 단위인 인치와 피트는 각국 고유의 길이가 있으므로, 국제 인치 등 국제단위를 살펴보기로 하자.

- 1제곱인치(in^2)=가로, 세로가 1인치인 사각형의 면적
- 1제곱피트(ft^2)=가로, 세로가 1피트인 사각형의 면적
  =가로, 세로가 12인치인 사각형의 면적=144제곱인치(in^2)
  따라서 $1ft^2=144in^2$
- 1제곱야드(yd^2)=가로, 세로가 1야드인 사각형의 면적
  =가로, 세로가 3피트인 사각형의 면적=9제곱피트(ft^2)
  따라서 $1yd^2=9ft^2$
- 1제곱마일($mile^2$)=가로, 세로가 1마일인 사각형의 면적
  =가로, 세로가 1,760야드인 사각형의 면적=3,097,600제곱야드(yd^2)
  따라서 $1mile^2$=309만 7,600yd^2

위의 면적 단위는 전부 정수를 바탕으로 한 정사각형 면적이어서 이해하기

쉽지만, 서양에서 흔히 쓰는 면적 단위 에이커(ac)는 어떨까? 에이커는 원래 직사각형 면적으로 정의된 단위인데 정사각형 면적으로 환산하면 다음과 같다.

1에이커(ac)=가로, 세로가 약 208.7피트(ft^2)인 사각형 면적
=4,840제곱야드
=1/640제곱마일
=4,046.8564224m^2

단위 · 기호의 유래

에이커의 면적이 이렇게 알아보기 어려운 것은 그 역사 때문이다. 원래 에이커(acre)라는 단위는 **황소 두 마리가 끄는 쟁기를 써서 한 사람이 하루 동안 밭을 가는 면적**으로 정의한다. 에이커는 그리스어로 소의 멍에를 의미하는 단어에서 유래했다. 즉, 에이커는 원래 면적 단위가 아니라 **하루 동안 밭을 갈 수 있는** 노동력의 단위였던 것이다.

따라서 '1에이커'의 면적은 그 토지의 경사와 흙의 굳기 등에 따라 값이 다르다. 하지만 같은 에이커라면 작업 시간 역시 같다.

그러던 1277년, 영국의 에드워드 1세가 '4로드×40로드인 토지 면적'을 1에이커로 정했다. 이 정의를 법정 에이커라고 부른다. 1로드(rod)는 5.5야드이므로 1에이커는 4,840제곱야드가 된다.

한편 40로드를 펄롱(furlong)이라고 하고, 1로드×1펄롱의 면적을 루드(rood)라고 하므로, 1에이커는 4루드라고 할 수도 있다.

쓰이는 분야

이러한 면적 단위는 서양에서 정식으로 쓰고 있는 반면, 한국을 비롯한 동양에서는 인정하지 않는다. 그래서 제곱야드, 제곱인치, 제곱피트, 제곱마일은 한정된 용도로 쓸 수 있을지 몰라도, 에이커는 거래 또는 뭔가를 증명할 때 어떤 사정이 있든 공식적으로 사용할 수 없다.

6 세제곱미터 [m^3]

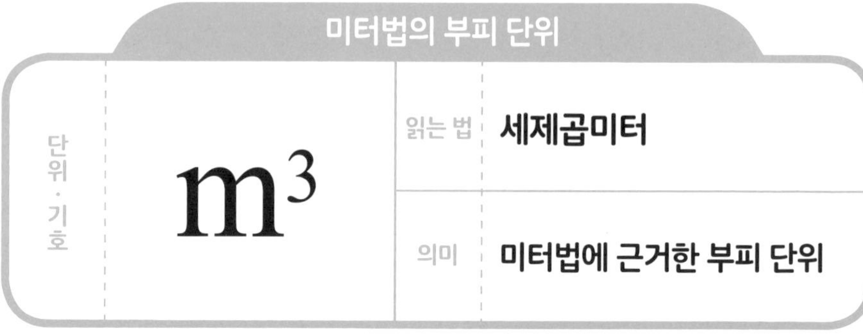

의미·정의

직육면체의 부피는 '가로×세로×높이'인데, 이러한 길이를 전부 미터법에 근거해 계산한 것이 바로 **세제곱미터(m^3)**이다. 기본이 되는 m^3 이외에도 부피 단위에는 여러 종류가 있다.

- 1세제곱미터(m^3)(한 변이 1m인 정육면체의 부피)=$1m^3$
- 1리터(L)(각 변이 10㎝인 정육면체의 부피)=10^3㎝^{3}
  =(1/1,000)m^3=1,000mL(밀리리터)
- 1데시리터(dL)=(1/10)L=100mL(밀리리터)
- 1센티리터(cL)=(1/100)L=10mL(밀리리터)
- 1밀리리터(mL)=한 변이 1㎝인 정육면체의 부피=(1/1,000)L=1cc

단위·기호의 유래

데시는 1/10, 센티는 1/100, 밀리는 1/1,000을 나타내는 접두어이다. cc는 큐빅센티미터(cubic centimeter), 즉 한 변이 1㎝인 정육면체의 약어다. 리터를 나타내는 기호는 대문자, 직립체 L 또는 소문자로 직립체 l이 올바르다. 원래는 소문자인 직립체 l만 인정했었는데, 숫자 1과 헷갈리는 경우가 많아 1979년부터 대문자 L도 인정하게 되었다.

7 갤런 [gal]

야드파운드법에 준하는 부피 단위

단위·기호	읽는 법	갤런
gal	의미	현재도 서양에서 쓰는 부피 단위

의미·정의

서양에서 쓰는 부피의 전통 기본 단위는 갤런(gal)이다. 야드파운드법에 준하는 부피인데, 갤런은 야드 등 전통 길이 단위와는 전혀 무관하게 결정되었다. 몇 가지 부피 단위와 각각의 관계를 살펴보자.

• 1갤런(gal): 부피의 기본 단위로 나라나 용도에 따라 그 정의가 다양하다. 범위는 3.7리터~4.6리터까지다.

한국에서 사용할 수 있는 것은 미국 액량 갤런(정확하게 3.785412L)뿐이다.

• 1쿼트(quart)=1갤런의 1/4

• 1파인트(pint)=1갤런의 1/8=1/2쿼트

• 1배럴(bbl: 석유용)=42갤런

1배럴에 '석유용'이라고 덧붙인 것은 그 밖에도 배럴의 종류(단위)가 용도별로 많이 있기 때문이다.

그밖에 액량 온스라는 단위가 있는데, 이것은 또 미국과 영국에서 각각 다르게 쓰고 있어 무척 복잡하다.

1영국 액량 온스=영국 갤런의 1/160=약 28.413mL

1미국 액량 온스=미국 갤런의 1/128=약 29.574mL

단위 · 기호의 유래

갤런은 원래 양동이를 의미하는데, 갤런이 단위명으로 최초 등장한 것은 영국 왕 헨리 8세(1491~1547) 때였다. 그는 '보리 100트로이온스를 1갤런으로 한다'라고 선포했다. 하지만 통제력이 약해, 오히려 다양한 갤런이 탄생했다고 한다.

1와인 갤런=231세제곱인치=3.785L

1에일 갤런=282세제곱인치=4.62L

영국에서 일반적으로 쓰이는 것은 에일 갤런보다 적은 갤런으로, 1갤런=4.546L이다. 반면 미국에 정착한 것은 와인 갤런인데, 이 둘은 현재까지 함께 쓰이고 있다. 단위 기호는 전자가 gal(UK), 후자가 gal(US)이며 아래와 같다.

1gal(UK)=4.546L

1gal(US)=3.785L

배럴도 양동이라는 의미이니, 물품에 따라 그에 어울리는 크기의 양동이에 넣은 것이 단위로 정착되어 버린 것이다. 미국을 예로 들어 다양한 배럴을 소개하면 다음과 같다.

1배럴(알코올)=50미국 갤런

1배럴(일반 액체)=31.5미국 갤런

쓰이는 분야

원유의 단위는 현재도 배럴이다. 옛날, 미국의 카우보이가 쓰던 모자를 텐갤런 해트(ten-gallon hat)라고 불렀다. 10갤런은 40리터에 해당하므로, 아마도 '큼직한 모자'를 과장해서 붙인 이름 같다.

제1부

SI 단위계를 중심으로 한 7가지 세계

시간 길이 무게 전자기 온도 물질 빛

CHAPTER

3

무게의 단위와 기호

1 킬로그램 [kg]

질량의 기본 단위

단위·기호	읽는 법	킬로그램
kg	의미	질량의 기본 단위

의미 · 정의

단위의 기본인 시간(초)과 길이(미터)는 빛과 원자라는, 오래도록 변하지 않는 물질을 기준으로 정했다. 그에 비해 무게의 기준은 상당히 모호하다. 1㎏은 인위적으로 결정된 **킬로그램 원기**로 정의하고 있다.

그래서 **질량의 단위**를 원자 질량, 즉 원자량으로 정의하려는 움직임이 있다. 2018년 11월에 열린 국제도량형총회에서 기존의 킬로그램 원기를 기준으로 정한 1㎏의 정의를 수정하기로 했다. 새 1㎏의 정의는 플랑크 상수와 키블 저울을 기준으로 하며 2019년 5월 20일부터 적용됐다.

단위 · 기호의 유래

미터법을 정할 때 길이는 지구의 자오선, 질량은 물로 정의하기로 결정했다. 그리하여 **1기압, 3.98℃에서 물 1(dm)³의 질량을 1㎏**으로 정했다.

1(dm)³, 즉 1세제곱데시미터는 얼만큼일까? 60페이지에 나온 것처럼 데시는 1/10이므로,

1데시미터=(1/10)×100㎝=10㎝

즉, 1(dm)³=(10㎝)³=1000㎝³=1L가 되므로, **물 1L가 1㎏**이다.

여기서 3.98℃라는 온도는 물의 밀도가 최대가 되는 온도이다. 일반적으로

는 4℃로 표기할 때가 많다.

1799년에는 이 무게와 같은 무게추를 백금(Pt)으로 만들어 킬로그램 원기로 삼았다. 이를 기록원 킬로그램(Kilogramme des Archives)이라고 부른다. 그런데 나중에 이 기록원 킬로그램과 같은 질량의 물을 계측했더니, 부피가 1,000.028mL였다. 기록원 킬로그램이 더 무거웠던 것이다.

그래서 1889년에 새로 수정하여 백금(Pt) 90%, 이리디움(Ir) 10% 합금으로 원기를 다시 만들고 이 질량을 1kg으로 정했다. 이 원기는 파리 국제도량형국에, 이중 기밀 용기에 넣어 진공 보호된 상태로 보관되고 있다. 이때 함께 만들어진 진 부원기는 당시 미터조약에 가입된 나라에서 각각 보관하고 있다.

프랑스 파리 외곽의 금고에 보관된 킬로그램 원기

쓰이는 분야

'킬로그램'은 SI 단위계에서 질량의 기본 단위이다. 킬로그램은 몹시 가벼운 전자의 질량(9.1091×10^{-31}kg)에서, 어마어마하게 무거운 우주의 질량(3×10^{52}kg)에 이르기까지 모든 무게의 기준으로 쓰이고 있다.

2 파운드 [lb], 온스 [oz]

서양의 전통 무게 단위

단위 · 기호	읽는 법	파운드, 온스
lb, oz	의미	서양의 전통 무게 단위

의미 · 정의

우리가 일반적으로 아는 '무게'의 단위에는 그램, 킬로그램, 톤 등이 있다. 그런데 서양에서는 미터법 이외에도 옛날부터 써 오던 단위가 있다. 그 단위는 일상생활뿐만 아니라 공업이나 경제 활동에도 흔히 쓰여서 무시할 수 없다. 그럼 지금부터 그 주요 단위를 살펴보자.

• 파운드(lb)

서양의 전통 계량 체계를 야드·파운드계라고 한다. 야드는 길이의 기초 단위이고, 무게의 기초 단위는 파운드(lb)인데 폰드라고도 부른다. 기호는 lb(아이비가 아니라 엘비)로 쓴다. 파운드에는 상용(常用)파운드, 약용(藥用)파운드, 트로이파운드 등 여러 종류가 있다. 이 단위들은 보조 단위인 **온스**, **그레인**과의 관계도 제각각 다르다.

1상용파운드=16상용온스=7000그레인=0.45359237kg

1트로이파운드=1상용파운드=12트로이온스

=5760그레인=0.373241kg

파운드는 **성인 한 명이 하루 동안 먹는 보리의 무게**에서 유래했다고 한다.

파생 단위

• 그레인(gr)

파운드의 하부 단위인 그레인(gr)은 **보리 한 톨의 무게**를 기준으로 한다. 그래서 1상용lb=7000gr이여서, 환산해서 쓰기에 별로 실용적이지 않다.

1gr=1/7000상용lb=0.06479891g=64.79891㎎

• 온스(oz)

온스(oz)는 파운드와 그레인의 중간 단위이다. 온스에는 두 종류가 있어서 이야기가 다소 복잡해진다. 바로 상용온스(oz av, oz)와 트로이온스(oz tr, oz)=약용온스(oz ap)이다. 이 둘의 차이는 파운드와의 관계뿐이다. 즉, 아래와 같다.

1상용온스=1/16상용파운드= 437.5gr=28.349523g

1트로이온스=1약용온스

=1/12트로이파운드=480gr=31.1034768g

• 쿼터

서양에서는 기본 단위의 4분의 1을 쿼터라고 부르며 일상에서 사용하고 있다. 돈에도 1쿼터, 즉 4분의 1달러가 있다. 무게를 나타내는 1쿼터는 1파운드의 4분의 1이다.

• 쇼트톤(미국톤: t, S/T)

주로 미국에서 쓰는 단위로 1쇼트톤=2000파운드=907.18474㎏이다.

• 롱톤(영국톤: t, L/T)

주로 영국에서 쓰는 단위로 1롱톤=2240파운드=1,016.0469088㎏이다.

• 미터톤(t)

미국과 영국 등 쇼트톤, 롱톤을 쓰는 나라가 미터법의 톤을 가리킬 때 쓰는 단위명이다. 1미터톤=1,000㎏이다.

이처럼 서양에는 세 종류의 '톤'이 뒤섞여 있으므로 혼란을 피하기 위해서는 쇼트톤, 롱톤, 미터톤을 정확하게 표시할 것을 추천한다.

단위 · 기호의 유래

파운드의 단위 lb는 라틴어로 저울을 의미하는 libra에서 유래했다. 파운드와 온스의 관계는 역사가 깊은데, 영국 왕 헨리 3세(1207~1272) 때는 1파운드=12온스였다가 엘리자베스 1세(1533~1603) 때 1파운드=16온스로 정해졌고, 이것이 현재의 상용온스와 트로이온스 등으로 이어졌다.

쓰이는 분야

우리가 평소에 '파운드'라는 단위를 듣는 것은 권투 선수가 몸무게를 잴 때, 또는 햄버거 이름 정도밖에 없을지도 모른다. 서양에서는 몸무게뿐 아니라 슈퍼에서 고기의 무게를 잴 때 등 거의 모든 경우에 파운드로 표시하고 있다. 이를테면 파운드케이크는 밀가루, 버터, 설탕, 달걀을 각 1파운드씩 섞어 만들어서 지어진 이름이다.

또 미국, 영국, 호주 등에서 발행하는 금화는 1온스, 1/2온스, 1/4온스와 같은 단위로 되어 있다.

3 캐럿 [ct]

보석 · 귀금속의 무게

단위 · 기호			
ct	읽는 법	캐럿
	의미	보석·귀금속 고유의 무게 단위

의미 · 정의

보석과 귀금속은 단위 무게당의 가치가 크다. 그래서 무게를 표시할 때 특별한 단위를 쓴다.

• 캐럿(ct)

보석의 무게를 나타내는 단위는 캐럿(ct)으로, 아래와 같다.

1캐럿=0.2g=200㎎

캐럿이라는 이름은 콩과 식물인 해동피 씨앗의 아라비아명 quirrat에서 유래했다. 이 씨앗은 크기와 무게가 일정해서 옛날에는 무게추로 활용해 보석의 무게를 달았다. 그래서 무게 단위명이 된 것이다.

• 트로이온스(oz tr, oz)

금, 은, 백금 등의 귀금속 무게를 다는 단위로는 트로이온스가 쓰인다. 트로이온스는 국제적으로 31.1034768g(67페이지 참고)이다. 다만 일본에서는 트로이온스를 '금화 질량 계측'에만 쓰고, 그 경우에는 1트로이온스=31.1035g으로 정해져 있다. 그러나 일반적으로는 금화, 은화, 백금화에도 쓰인다.

• 돈

동양의 전통 계량 단위로 돈이 있다. 척관법에서 온 단위인데 귀금속, 특히 금, 은을 거래할 때 쓴다. 1돈=3.75g이다. '돈쭝'이라고도 하며 일본에서는 '몸메'라고 부른다. 일본에서 몸메는 진주를 거래할 때 쓴다. 하지만 진주를 팔 때는 무게가 아니라 진주알의 지름으로 표시하는 것이 일반적이다.

예제 2019년 3월 시점에서 금 시세는 1g에 약 65,200원 정도이다. 그렇다면 1돈의 금 가격은 얼마일까?

정답 금의 가격은 65,200원×3.75g=244,500원이 된다. 실제로는 여기에 세공비과 수수료, 이익이 더해져 대략 30만 원 정도의 가격이 나온다. 이 금을 팔 때에는 20만 원 정도로 값을 매길 수 있다. 다만, 금의 가격은 매일 변동된다.

질량의 단위와 환산표

	킬로그램 (SI 단위)	그레인	상용온스	상용파운드	돈	근	관
1kg	=1	15432	35.274	2.2046	266.67	1.6667	0.26667
1gr	=0.00006479891	=1	0.0022857	0.00014285	0.0172797	0.000107998	0.0000172797
1oz	=0.028349523125	437.5	=1	=0.0625	7.5599	0.047249	0.0075599
1lb	=0.45359237	7000	=16	=1	120.96	0.75599	0.12096
1몸메	=0.00375	57.871	0.13228	0.082673	=1	=0.00625	=0.001
1근	=0.6	9259.4	21.164	1.3228	=160	=1	=0.16
1관	=3.75	57871	132.28	8.2673	=1000	=6.25	=1

제1부

SI 단위계를 중심으로 한 7가지 세계

시간 길이 무게 전자기 온도 물질 빛

CHAPTER

4

전기·자기·전자파의 단위와 기호

1 암페어 [A], 볼트 [V], 와트 [W]

전기의 기본 단위

단위·기호	읽는 법	의미
A,V,W I,V,P	암페어, 볼트, 와트	전기의 기본 단위

의미·정의

전기와 관련하여 다양한 값과 단위가 있다. 그중에서도 전류, 전압, 전력은 기본적인 것이다. 전기는 강을 흐르는 물과 같다. 비유하자면 전류는 단위 시간 동안 흐르는 물의 양이다. 전압은 물을 흘러가게 하는 힘, 즉 강의 높낮이 차이에 해당하고 전력은 그 물이 단위 시간에 하는 일의 양이다.

• 전류(단위 A, 기호 I)

전류 1A(암페어)의 정의는 무척 복잡하다. 요컨대, '진공 상태에서 1m의 간격으로 평행하게 놓인 무한의 작은 원형 단면적에 무한의 긴 두 직선 도체의 길이 1m마다 2×10^{7}N(뉴턴)의 힘을 각각 가하는 일정한 전류'이다.

두 개의 도선에 전류를 흘리면 그 전류가 같은 방향일 때는 도선 사이에 끄는 힘이 작용하고, 반대 방향일 때는 미는 힘이 작용한다. 그리고 이 힘들은 전류에 비례한다. 이 힘을 통해 전류를 정의하는 셈이니 정의가 복잡하고 어려운 것도 이해가 된다.

1A=1C/A이다. 2019년의 새로운 정의에 따르면 1암페어에는 1초당 6.24150907×10^{18}개의 기본 전하(e)의 흐름이다.

• 전압(단위 V, 기호 V), 전력(단위 W, 기호 P)

전압(V)의 정의는 다음과 같다.

1V란 '1A의 직류 전류가 흐르는 도체의 두 점 사이에서 소비되는 전력이 1W일 때, 그 두 점 사이의 직류 전압'이다.

이 정의와 줄 법칙을 통해 전력(P)을 구할 수 있다. 도선에 전류가 흐르면 줄열(Joule's heat)이 발생한다. 도선의 전기 저항을 R이라고 하면 발열량 P를 다음 식으로 구할 수 있다.

$$P=R\times I^2 \cdots ①$$

또한 옴의 법칙은 다음 식으로 쓸 수 있다.

$$I=V/R \cdots ②$$

이 식을 변형하면 $R=V/I$가 되므로 식 ①은 아래와 같이 쓸 수 있다.

$$P=V\times I \cdots ③$$

요컨대 전력 P, 전압 V, 전류 I 사이에는 위 ③의 관계가 성립한다.

단위 · 기호의 유래

전류의 단위 암페어(A)는 전류 사이의 상호 작용을 연구한 프랑스의 물리학자 앙드레 앙페르(Andre Marie Ampere, 1775~1836), 기호 I는 영어 Intensity of Current에서 유래했다.

또 전압의 단위 볼트(V)는 볼타 전지의 발명자로 알려진 이탈리아의 과학자 알레산드로 볼타(Alessandro Volta, 1745~1827)에서 왔다.

마지막으로 전력의 단위 와트(W)는 증기 기관 연구로 유명한 영국의 과학자 제임스 와트(James Watt, 1736~1819), 기호 P는 Power에서 각각 유래하였다.

쓰이는 분야

전압은 전지의 전압, 각 가정으로 들어오는 전기의 전압 등으로 우리에게 익숙하다. 전지의 전압은 건전지(1.5V), 리튬 이온 전지(3.7V), 연축전지(2V)

등이 있다. 가정으로 오는 전압은 일반적으로 100V와 200V이다.

전력은 전기 요금 산출의 기초이다. 소비 전력은 와트(W)이고, 소비 전력량은 사용 시간량 h를 곱한 Wh(와트시)로 구한다. 100W인 백열전구를 1시간 동안 켜면 소비 전력량은 100×1=100Wh이다.

예제 100V, 1kW인 에어컨에 흐르는 전류는 몇 A인가?

정답 73페이지 ③번 식 $P=V\times I$에 대입하면 P=1,000, E=100이므로, 에어컨에 흐르는 전류는 I(A)=1,000(W)÷100(V)=10

따라서 답은 10A(암페어)이다.

COLUMN 3

차단기

각 가정집에는 전기 전원에 차단기가 설치되어 있다. 그래서 계약된 양보다 더 많은 전류가 흐르면 자동으로 차단기가 내려가 전류가 흐르지 않게 되어 있다. 우리나라의 경우 가정집의 전기 기구는 220V로 가동되므로 440W짜리 기구라면 2A, 800W짜리 기구라면 4A의 전류가 흐른다. 따라서 허용된 양을 초과하지 않도록 주의해야 한다.

차단기는 전류량 I에 따라 작동된다. 110V·1.1kW인 에어컨을 켰다가 차단기가 내려갔다면 110(V)×10(A)=1.1(kW)로 10A의 전류에 차단기가 내려간 것이다. 이럴 때는 220V 사양에 1.1kW인 에어컨을 쓰면 차단기가 내려가지 않는다. 요컨대 220V라면 220(V)×5(A)=1.1(kW)이 되어, 와트수(에어컨의 능력)는 같아도 전류량은 절반인 5A밖에 흐르지 않게 되는 셈이다.

2 전기 저항 [Ω]

비저항, 전기 저항, 전기 전도도

단위 · 기호	읽는 법	옴
ρ, R Ω	의미	물체가 전기 흐름에 저항하는 척도의 지표

의미 · 정의

물질에는 흐르는 전기에 저항하는 힘이 있다. 그러한 힘을 나타내는 척도가 비저항(ρ), 전기 저항(R), 전기 전도도(σ)이다.

• **비저항**(단위 Ω·m, 기호 ρ)

물질의 성질 중 하나인, 전기 흐름을 거스르려는 힘을 비저항(ρ: 로)이라고 부른다. 단위는 Ω·m(옴·미터)다. 물질 속에 있는 자유 전자의 밀도가 비저항에 크게 영향을 주는데, 밀도가 높으면 비저항이 감소하고 밀도가 0이면 완전한 절연체가 된다.

• **전기 저항**(단위 Ω, 기호 R)

실제 물질이 전류를 거스르려고 하는 힘을 전기 저항(R), 혹은 전기 저항값이라고 한다. 전기 저항값은 물질의 비저항 ρ와 길이 L에 비례하고, 단면적 A에 반비례한다.

$$R = \rho \frac{L}{A}$$

또 저항값 R, 전압 V, 전류 I 사이에는 다음과 같은 식이 성립한다.

$$R = \frac{V}{I}$$

• 전기 전도도(단위 $\Omega^{-1} \cdot m^{-1}$, 기호 σ)

전기 전도도(σ)은 물질이 지닌 전기를 흘려보낼 때 흐르기 쉬운 정도를 나타낸다. 이는 앞에 나온 비저항(ρ)의 역수로 정의한다.

$$\sigma = \frac{1}{\rho}$$

단위 · 기호의 유래

단위 Ω(옴)은 전기 저항에 관해 연구한 독일의 과학자 옴(Georg Simon Ohm, 1789~1854)의 이름을 본 따 처음에는 'O'로 하려고 했다. 그런데 알파벳 O는 숫자 0과 헷갈리기 쉬워서 알파벳 O에 해당하는 그리스 문자 Ω를 쓰기로 했다고 한다.

또 전기 전도도(σ)의 단위는 $\Omega^{-1} \cdot m^{-1}$(퍼 옴 퍼 미터) 혹은 S/m(지멘스 퍼 미터)로 표시하는데, 여기서 '지멘스'는 전기 저항을 연구한 독일의 과학자 에른스트 지멘스(Ernst Werner von Siemens, 1816~1892)의 이름에서 유래했다.

쓰이는 분야

전기 저항, 전기 전도도는 물질의 중요한 성질이다. 일반적으로 금속 등 자유 전자를 가진 물질은 전도율이 높은 양도체이며, 자유 전자가 없는 유리와 유기물은 절연체이다. 이 둘 사이에 있는 규소(Si)나 게르마늄(Ge)을 반도체라고 부른다. 그러면 몇 가지 물질의 전도도를 살펴보자.

각 물질의 전도도

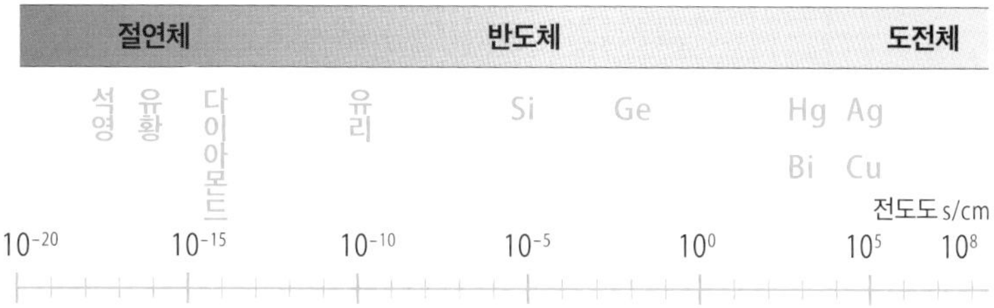

절연체 반도체 도전체

석영 유황 다이아몬드 유리 Si Ge Hg Ag Bi Cu

전도도 s/cm

10^{-20} 10^{-15} 10^{-10} 10^{-5} 10^{0} 10^{5} 10^{8}

관련 지식 〈전도성 고분자〉

전류란 바로 '전자의 흐름'이다. 금속에 전도성이 있는 것은 금속 내에서 자유로이 움직일 수 있는 전자가 있기 때문이다. 그렇다면 유기물 속에 자유 전자를 만들면 전도성을 지닌 유기물을 만들 수 있을 것이다.

단일 결합, 이중 결합이 번갈아 가며 연속되는 켤레 이중 결합(conjugated double bond)은 자유롭게 움직일 가능성이 있는 전자를 가진 것으로 알려져 있다. 그래서 긴 켤레 이중 결합을 가진 폴리아세틸렌을 합성해 보았더니 절연체였다.

그런데 여기에 아이오딘(I)을 더하니(도핑) 금속에 버금가는 전도성이 나타났다. 이것이 2000년에 노벨 화학상을 받은 일본 시라카와 히데키 교수의 전도성 고분자 연구다.

간단히 말하면 갓 생긴 폴리아세틸렌은 자유 전자가 너무 많아 마치 막힌 도로처럼 전자가 움직일 수 없는 상태다. 그런데 아이오딘에는 전자를 흡수하는 작용이 있다. 그래서 막힌 도로에서 자동차를 '솎아 내어' 정체를 해소시킨 것이다.

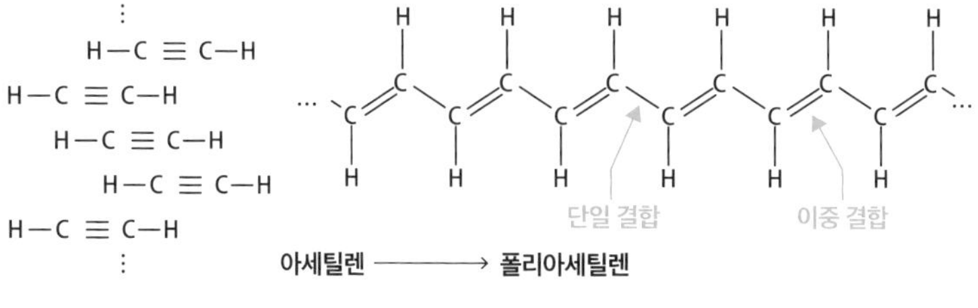

⋮
H—C ≡ C—H
H—C ≡ C—H
H—C ≡ C—H
H—C ≡ C—H
H—C ≡ C—H
⋮

단일 결합 이중 결합

아세틸렌 ——→ 폴리아세틸렌

3 인덕턴스 [H]

직류 경로의 저항

단위 · 기호			
H *L*, *M*		읽는 법	헨리
		의미	도선에 전류를 흘리면 발생하는 유도 전류의 크기를 나타내는 지표

의미 · 정의

인덕턴스(감응 계수)는 '유도'를 의미한다. 이를테면 그림1처럼 도선에 전류를 흘려보내면 앙페르의 오른나사 법칙에 따라 자기장이 발생한다.

그림1– 전류가 흐르면 자기장이 발생한다

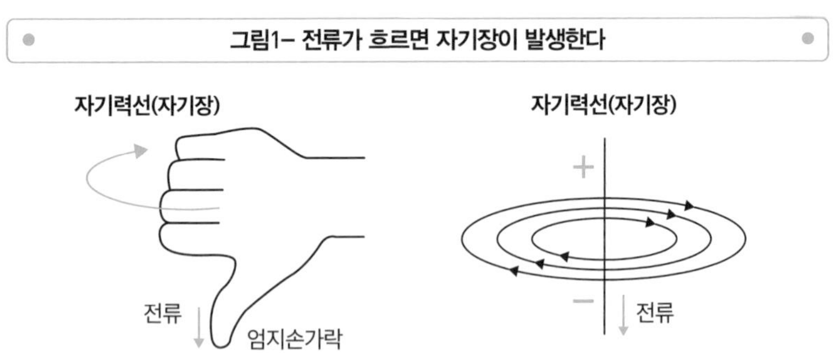

• 자체 인덕턴스(단위 H, 기호 *L*)

전류가 변화하지 않을 때에는 아무 일도 일어나지 않는다. 하지만 교류처럼 전류가 변화하면 자기장의 강도도 달라진다. 그러면 그 자기장 강도의 증감을 상쇄시키려는 전류가 코일 내에서 발생한다. 이 전류를 흐르게 하는 전압을 '자기 유도 기전력'이라고 부른다. 자기 유도 기전력은 원래 코일 내에 흐르는 전류와 반대 방향으로 흐르도록 발생한다(그림2). 즉, 원래 전류를 방해하는 저항으로 작용하는 셈이다.

그림2– 전류가 변화하면 저항이 발생한다

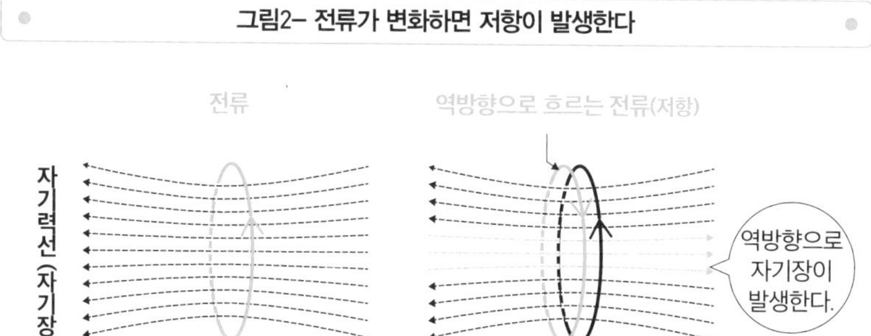

이 유도 기전력 V는 아래의 식으로 나타낼 수 있다.

$$V = L\frac{\Delta I}{\Delta t}$$

즉, 전류의 변화량 ΔI를 단위 시간 Δt로 나눈 것으로, 이 식에서 비례 상수 L을 자체 인덕턴스(H: 헨리)라고 한다.

그림3– 자체 인덕턴스 L이 크면 전류 변화는 완만하다

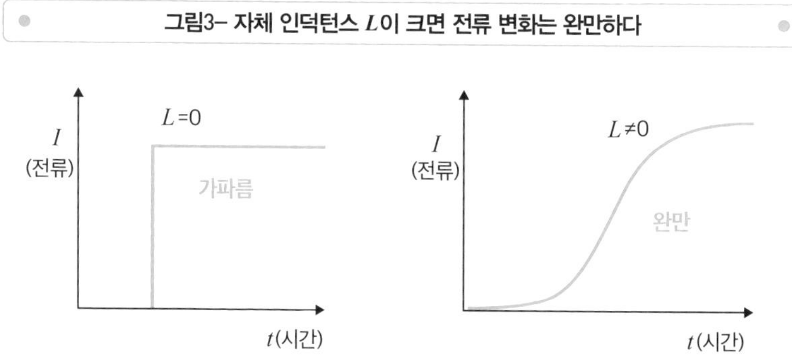

자기 유도 기전력은 전류 변화를 거스르는 방향으로 발생한다. 요컨대 자체 인덕턴스 L이 큰 쪽은 전체적으로 전류 변화가 완만하게 일어나는 반면, L=0인 쪽은 전류 변화가 가파르다(그림3).

• 상호 인덕턴스(단위 H, 기호 M)

그림4는 서로 독립된 2개의 코일 A, B를 나란히 둔 것이다. 코일 A에 전류를 흘리면 자기장이 발생한다. 이때 코일 A와 B가 가까운 거리에 있으면 B에도 자기장이 미친다. 코일 A의 전류가 변화하지 않으면 아무 일도 일어나지 않지만, 교류와 같이 전류가 변화하면 코일 B에 유도 기전력이 발생한다. 이때의 기전력 V_2는 코일 A에 흐르는 실효 전류를 I_1이라고 할 때 다음 식과 같이 표현할 수 있다.

$$V_2 = M\frac{\Delta I_1}{\Delta t}$$

이 식에서 비례 상수 M을 상호 인덕턴스(H: 헨리)라고 부른다.

그림4– 유도 기전력을 발생시킨다

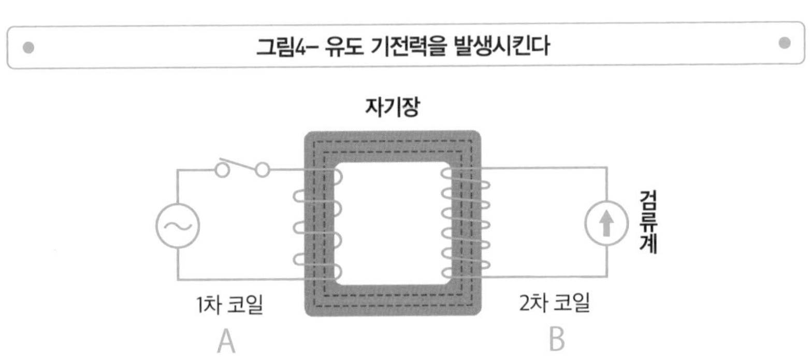

단위 · 기호의 유래

상호 인덕턴스 M은 영어 mutual–inductance에서 온 것으로 보인다. 한편 자체 인덕턴스의 기호 L의 유래는 명확하지는 않으나, 전자기학의 권위자였던 19세기 독일계 러시아 과학자 하인리히 렌츠*의 L에서 유래한 것으로 짐작

* **하인리히 렌츠**(Heinrich Friedrich Emil Lenz, 1804~1865): 1833년에 '자계의 변화에 따라 코일에 발생하는 기전력은 코일을 가로지르는 자기력선의 변화에 비례하고, 발생하는 전류의 방향은 자기력선의 변화를 방해하는 쪽이 된다'라는 렌츠의 법칙을 발견하였고, 1842년에는 줄과 별개로 줄의 법칙을 발견한 것으로 알려져 있다.

된다.

또한 인덕턴스의 단위 H(헨리)는 미국의 조지프 헨리(Joseph Henry, 1797~1878)에서 본뜬 이름이다.

쓰이는 분야

인덕턴스라는 단어는 다소 어렵게 들리는데, 인덕턴스 현상은 코일에서 일어나고, 영어로는 코일=인덕터=인덕션 코일이다. 그렇게 생각하면 인덕턴스가 모든 전기 회로에 쓰이는 소자(素子) 중 하나라는 것을 알 수 있다. 즉 인덕터는 코일을 흐르는 전류에 의해 형성되는 자기장에 에너지를 저축할 수 있는 소자인 셈이다.

인덕턴스를 응용한 전기 기구로 변압기(트랜스)가 있다. 변압기는 상호 인덕턴스를 이용해서 전압과 전류를 변화하게 만드는 장치이다. 그 원리는 앞에 나온 그림 4와 같다.

이 그림에서 1차 코일 쪽에 교류를 흘리면 2차 코일 쪽에도 교류가 발생한다. 그리고 그 전압은 코일에 선이 감긴 횟수에 비례한다. 요컨대, 2차 쪽에 감긴 수가 1차 쪽의 2배이면, 2차 쪽에 나타나는 교류의 전압도 1차 쪽의 2배가 된다. 다만, 에너지 보존 법칙에 따라 에너지(전력)는 보존되므로, 전류는 감긴 횟수에 반비례하게 된다.

4 임피던스 [Ω]

교류 회로에서의 저항

단위 · 기호			
Ω, Z	읽는 법	옴
	의미	**교류 회로에서 저항의 지표**

의미 · 정의

앞에서 봤듯이 직류 전류의 흐름을 방해하는 것으로 전기 저항 R이 있다. 교류에도 마찬가지로 저항이 있다. 이를 특별히 임피던스라고 부른다.

임피던스는 기호 Z로 표시하는데, 단위는 직류 저항과 같은 Ω이다. 교류 회로 속의 임피던스 값은 $Z=V/i$로 나타낸다. 여기서 i는 교류의 실효값이다.

다만 교류는 직류와 다른 성질이 있다. 바로 위상이 변한다는 것이다. 그래서 직류의 저항에 해당하는 임피던스에도 교류의 저항과는 다른 성질이 있다.

그런데 이러한 특수성이 나오는 것은 코일(인덕터) 등의 특수한 저항일 경우이다. 저항이 일반 저항 R인 경우에는 $Z_R=R$이 된다. 그런데 코일의 경우에는 Z_L이 코일의 인덕턴스 L에 비례해서 $Z_L=j2\pi fL$ (f=주파수, j=허수 단위)이 된다.

단위 · 기호의 유래

임피던스는 '방해하다'라는 뜻을 가진 동사 impede를 명사화한 것이다.

쓰이는 분야

오디오 분야나 전기 기타 등 전자 악기 분야에서는 앰프와 스피커 사이의 임피던스 매칭*이 무척 중요하다.

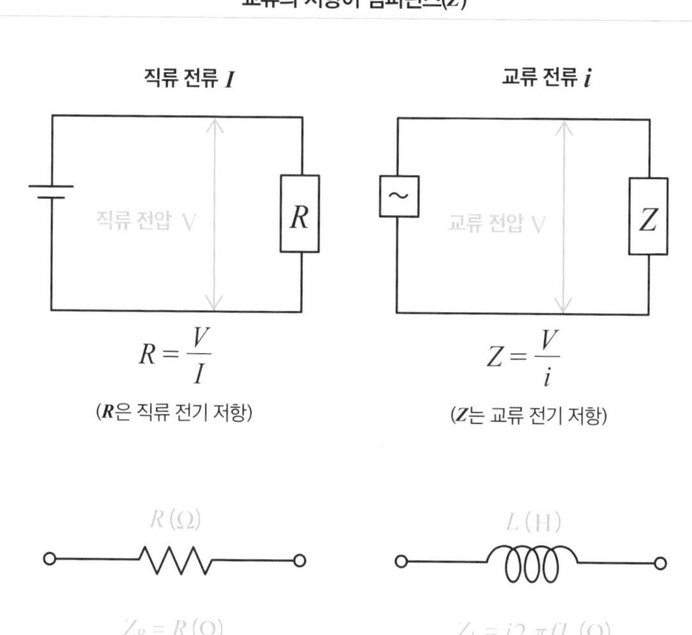

* **임피던스 매칭**: 임피던스가 높은 앰프에 임피던스가 낮은 스피커를 접속하면 앰프가 과열될 가능성이 있다. 반대로 임피던스가 낮은 앰프에 임피던스가 높은 스피커를 접속하면, 앰프의 출력을 충분히 이끌어 낼 수 없다.

5 쿨롱 [C]

전하량, 기본전하

단위 · 기호	읽는 법	쿨롱
C, *e*	의미	전기의 양, 전하량의 최소 단위

의미 · 정의

전기의 양을 전하량이라고 한다. 전류는 '전자의 이동'인데, 전자 1개가 가지는 전하량은 전하량의 최소 단위이며 그것을 기본전하 *e*라고 부른다.

• 전하량(C)

1쿨롱(C)은 '1A의 직류 전류가 1초 동안 옮기는 전하량'이다. 즉,

$$1\mathrm{C}=1\mathrm{A}\cdot\mathrm{s}$$

• 기본전하(*e*)

원자를 만드는 전자, 양성자는 각각 전하량을 가진다. 그 부호는 전자가 (−), 양성자가 (+)인데, 절대값은 똑같이 $e=1.602\times10^{-19}$C이다. 이를 기본전하(*e*)라고 한다.

전자는 우주를 형성하는 최소 소립자 중 하나이므로 전자가 가진 전하량, 즉 기본전하는 전하량의 최소 단위라고 할 수 있다. 요컨대 전하량도 양자화되어 있어서, 기본전하의 정수배인 양밖에 될 수 없는 셈이다.

단위 · 기호의 유래

쿨롱은 프랑스의 과학자 샤를 쿨롱(Charles Augustin de Coulomb, 1736~1806)의 이름에서 왔다. 기본전하 e는 전자 기호 e와 같다.

쓰이는 분야

전하량은 전류의 근원이 된다. 즉, 전하량의 시간 변화분이 전류인 것이다.

관련 지식 <전기 분해>

전기로 분자를 분해하는 기술을 전기 분해라고 한다. 식염(염화나트륨, NaCl)은 이온성 분자로 양이온 Na^+와 음이온 Cl^-로 되어 있다.

이 분자에 전류를 흘려 보내면 Na^+는 음극에서 전자 e^-를 받아 환원되어 전기적으로 중성인 금속 원자 Na가 된다. 한편 Cl^-는 양극에 전자를 주고 산화되어, 전기적으로 중성인 원자 Cl가 되는데, 2개의 Cl가 반응해서 염소 분자(Cl_2)가 되어 기체로 발생한다.

NaCl 1몰에는 NaCl 분자가 6.02×10^{23}개 있다. 한편 전자 1개의 전하량은 1.602×10^{-19}C(쿨롱)이므로, NaCl 1몰을 전기 분해하려면 $(6.02 \times 10^{23}) \times (1.602 \times 10^{-19}\text{C}) = 96500\text{C}$(쿨롱)=1패러데이의 전하량이 필요하다.

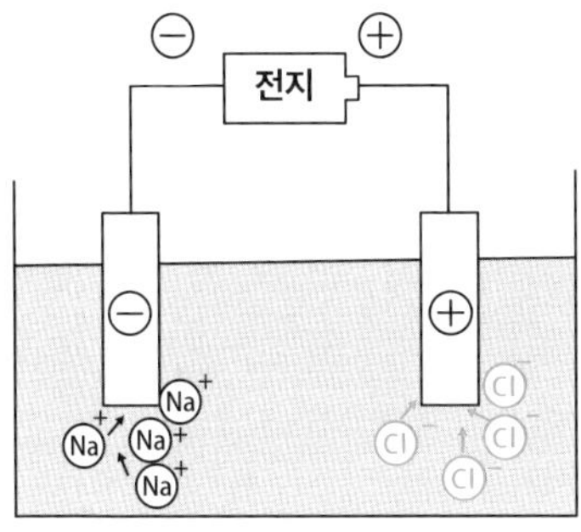

6 패러데이 상수 [F]

패러데이 상수, 가수

단위·기호	F, z
읽는 법	패러데이
의미	F=전자 1몰이 가지는 전하량, z=이온 1개가 가지는 전하량

의미 · 정의

이온 1개가 가지는 전하량은 1.602×10^{-19}C(쿨롱)이고, 이것을 '1가수(z)'라고 부른다. 또 1가 이온 1몰이 가지는 전하량을 패러데이 상수(F)라고 한다('몰'에 대해서는 112페이지 참고).

• 패러데이 상수(F)

1몰(mol)이란 아보가드로수, 즉 6.02×10^{23}개의 입자 집단이다. 그리고 **전자 1몰의 전자가 가지는 전하량**을 패러데이 상수(F)라고 한다. 전자의 전하량은 $e=1.602 \times 10^{-19}$C이니 아래와 같다.

$$1F=1.602 \times 10^{-19}\text{C} \times 6.02 \times 10^{23}=9.64404 \times 10^{4}\text{C/mol}$$

좀 더 정밀하게 계산하면, 아래와 같다.

$$\text{패러데이 상수 } F=9.64853329 \times 10^{4}\text{C/mol}$$

• 가수(z)

원자와 분자는 전자를 내보내거나 가져와 음이온, 양이온이 된다. 이때 들어오고 나가는 전자의 개수를 이온의 가수(z)라고 부른다.

전기적으로 중성인 원자와 분자는 양성자와 전자를 똑같은 개수만큼 가진다. 이 입자들이 전자를 하나 방출하면 전자의 기본전하 e만 +로 전하한다. 이것을 +1가 이온이라고 부른다. 만약 전자 2개를 방출하면 2가 양이온이다. 즉, 양이온의 가수는 방출한 전자의 개수와 같은 셈이다.

반대로 입자가 전자를 하나 거두어들이면 −1가 음이온이 된다. (−)이온의 가수는, 거둬들인 전자의 개수와 같다.

단위 · 기호의 유래

패러데이 상수의 기호 F는 전자기학 분야에서 큰 업적을 세운 영국의 과학자 마이클 패러데이(Michael Faraday, 1791~1867)의 이름에서 따왔다.

쓰이는 분야

패러데이 상수는 전기 화학 반응에서 무척 중요하다. 전기 분해로 얼마만큼의 물질이 분해되는지, 전기 도금으로 금속이 얼마나 도금되는지는 흐른 전하량에 비례하기 때문이다. 즉, 1가 음이온과 1가 양이온으로 구성된 **물질 1몰을 분해하는 데 소비되는 전하량**이 1패러데이인 셈이다.

이온의 (+), (−), 그 가수는 아주 중요한 개념이다. 음이온 중 하나인 수산화 이온(OH^-)은 살균이나 노폐물 제거를 한다고 알려져 다양한 생활, 건강 용품에 쓰인다. 다만 음이온이 건강에 미치는 영향은 의학적으로 아직 밝혀지지 않았다.

OH^-가 많은 용액은 염기성(알칼리성)이고, 수소 이온(양성자) H^+가 많은 용액은 산성이다.

COLUMN 4

산화와 환원

원자 중에는 같은 원자가 여러 가지 가수를 가지는 것이 있다. 예를 들어 철(Fe)은 2가 Fe^{2+}와 3가 Fe^{3+}가 된다. 원자의 가수가 늘어났을 때 그 원자는 산화되었다고 말하고, 반대로 가수가 감소했을 때는 환원되었다고 한다.

그래서, 아래와 같이 되었을 때,

$$Fe^{2+} \rightarrow Fe^{3+} + e^{-}$$

'Fe^{2+}는 산화되었다'고 한다. 반대로, 아래와 같이 되었을 때,

$$Fe^{3+} + e^{-} \rightarrow Fe^{2+}$$

'Fe^{3+}는 환원되었다'고 한다.

이처럼 산화와 환원이라는 화학 반응은 결국 전자를 주고받는 것이다. 다음 반응,

$$A^{-} + B \rightarrow A + B^{-}$$

이면 A^{-}가 가진 전자가 B로 이동한 것이다. 이 결과 A의 가수는 늘어났으므로($-1 \rightarrow 0$) A는 산화되었고, 반대로 B의 가수는 감소했으니($0 \rightarrow -1$) B는 환원되었다.

상대를 산화시키는 물질을 산화제, 환원시키는 물질을 환원제라고 한다. 따라서 A^{-}는 환원제이고 B는 산화제로 작용하였다. 산화 환원 반응에서 산화제는 환원되고, 환원제는 산화된다.

이처럼 산화 반응과 환원 반응은 같은 반응을 어느 쪽에서 보느냐에 따라 달라진다.

7 패럿 [F]

전기 용량(정전 용량)

단위·기호	읽는 법	패럿
F	의미	콘덴서가 전기를 담아 두는 용량

의미 · 정의

전기 자동차는 가정용 전원에서 받은 전기를 축전기(콘덴서)에 저장해, 그 전기를 써서 달린다. 일반적으로 두 개의 전극 사이에 유전체(전기적 유도 작용을 일으키는 물질)를 끼운 것을 콘덴서라고 하는데, 콘덴서는 전기를 일시적으로 모아 둘 수 있다. 그래서 콘덴서는 다양한 전기 회로의 필수품이다.

콘덴서가 저장할 수 있는 전하량을 전기 용량 또는 정전 용량, 커패시턴스라고 하며, 단위는 패럿(F)을 쓴다. 1패럿의 정의는 **1쿨롱(C)인 전하량을 충전했을 때 1볼트(V)의 직류 전압이 발생하는 두 도체 사이의 정전 용량**이고, 식으로 나타내면 아래와 같다.

$$1\text{F} = \frac{1\text{C}}{1\text{V}}$$

단위 · 기호의 유래

패럿(F)은 전자기를 연구한 영국의 과학자 마이클 패러데이의 이름에서 따왔다.

패러데이는 전자기학 및 전기 화학 분야에서 위대한 업적을 남겼다. 고등교육을 받지 않았고 고급 수학도 거의 몰랐지만, 과학의 역사에 가장 큰 영향을 미친 과학자 중 한 사람으로 평가받고 있다. 과학사가 중에는 그를 과학사상 최고의 실험주의자라고 부르는 사람도 있다. 에디슨은 자기 방 벽에 패러데이의 초상화를 장식했다고도 한다.

패러데이는 전자기장의 기초 원리를 확립했고, 그것을 후에 맥스웰(James Clerk Maxwell, 1831~1879)이 발전시켰다. 또, 모터를 발명했는데, 그것이 인류에게 얼마나 큰 공헌을 했는지는 굳이 말할 필요도 없다. 패러데이는 화학자로서도 활약했고, 벤젠을 발견했으며, 탄소와 염소의 화합물을 합성했고, 실험적으로는 분젠 버너를 발명했다. 우리에게 친숙한 패러데이 상수로도 이름을 남겼다.

쓰이는 분야

콘덴서는 직류 전기를 저장할 뿐만 아니라 교류에서는 저항 역할도 맡기 때문에 전기 회로에 절대 없어서는 안 될 존재이다. 그런데 통상적인 전기 회로에서 용량 1F(패럿)는 너무 크다.

그래서 1F의 1,000분의 1인 밀리패럿(mF, 10^{-3}F), 나아가 피코패럿(pF, 10^{-12}F)인 콘덴서 등이 만들어졌다.

8 웨버 [Wb]

자속의 단위

단위·기호			
Wb Mx	읽는 법	웨버, 맥스웰
	의미	자석의 자속을 나타내는 단위

의미·정의

자기는 자석의 성질 그리고 자석에 붙는 물질의 성질이다. 자석의 강약은 자속으로 나타낼 수 있다.

• 웨버(Wb)

자석의 '자속을 나타내는 단위'가 웨버(Wb)다. 패러데이의 전자기 유도 법칙에 따라 코일을 지나는 자속이 변화하면 회로에 기전력이 발생하고, 그 유도 기전력의 크기는 자속이 변화하는 속도에 비례한다.

그래서 자속 변화와 그에 따른 기전력의 관계를 '1초당 1웨버의 자속 변화는 1볼트의 기전력을 발생시킨다'라고 정의했다.

이 정의를 바탕으로 웨버(Wb)는 다음과 같이 정의할 수 있다.

'1초 동안 소멸하는 비율로 감소할 때, 이것과 교차하는 1회 감긴 폐회로에 1볼트의 기전력을 발생시키는 자속.'

문장으로 보면 이해하기 어려울 수 있는데, 식으로 나타내면 아래와 같다.

$1Wb=1V \cdot s$

• 맥스웰(Mx)

예전에는 자속의 단위로 맥스웰(Mx)을 썼는데, 현재는 웨버(Wb)로 통일했다. 맥스웰(Mx)과 웨버(Wb)의 관계는 다음 식과 같다.

$$1\mathrm{Mx}=10^{-8}\mathrm{Wb}$$

단위 · 기호의 유래

단위명 Wb(웨버)는 전자기 유도를 연구한 독일의 과학자 빌헬름 베버(Wilhelm Eduard Weber, 1804~1891)의 이름에서 유래했으며, Mx(맥스웰)은 전자기를 연구한 영국의 과학자 제임스 맥스웰의 이름에서 따왔다.

맥스웰은 마이클 패러데이의 전자기장 이론을 바탕으로, 1864년에 맥스웰 방정식을 세웠고 고전 전자기학을 확립했다. 또 전자파의 존재를 이론적으로 예상했고, 그 전파 속도가 광속과 같고 횡파라는 사실까지 밝혀냈다. 이러한 업적 때문에 전자기학의 가장 위대한 학자 중 한 사람으로 손꼽히고 있다.

그뿐 아니라 기체 분자 운동론·열역학·통계역학 등의 연구에서도 큰 업적을 남겼다. 기체 분자의 속도 분포를 나타내는 맥스웰 분포는 기체 분자 운동론의 핵심이다.

쓰이는 분야

자성 이외의 분야에서는 거의 사용하지 않는다. 자석의 강도를 나타내는 테슬라(T)의 기본 단위로 쓰이고 있다(93페이지 참조).

테슬라 [T]

자속 밀도

단위·기호			
T,G	읽는 법	테슬라, 가우스
	의미	자석의 강도를 나타내는 단위

의미·정의

자석은 모터 등의 동력 그리고 자기부상열차의 부력, 반도체 메모리에 절대 빼놓을 수 없는 존재다. 그 강도를 나타내는 것이 바로 테슬라(T)와 가우스(G)이다.

· 테슬라(T)

자석의 강도는 단위 면적당 자속의 수, 즉 자속 밀도로 잴 수 있다. 그것을 나타내는 단위가 테슬라(T)이다. 1테슬라는 '자속의 방향에 수직인 면 1㎡에서 1Wb의 자속 밀도'라고 정의한다. 식으로 쓰면 다음과 같다.

$$T = \frac{Wb}{m^2}$$

· 가우스(G)

예전에는 자속 밀도의 단위로 가우스(G)를 썼다. 하지만 현재는 테슬라(T)로 통일되었다. 가우스와 테슬라의 관계는 다음과 같다.

$$1G=10^{-4}T$$

즉, 1T=10,000G이다.

단위 · 기호의 유래

테슬라(T)는 미국의 전기공학자 니콜라 테슬라(Nikola Tesla, 1856~1943)의 이름에서 따왔다. 테슬라와 에디슨은 라이벌 관계였던 것으로 유명하다.

가우스(G)는 전자기식 전신기를 만든 독일의 수학자 카를 프리드리히 가우스(Carl Friedrich Gauss, 1777~1855)의 이름에서 유래했다.

쓰이는 분야

어릴 때 잘 가지고 노는 말굽자석에서부터 최근 MRI(자기 공명 영상)에 쓰이는 초전도 자석, 나아가 지구라는 거대 자석까지 자석은 우리에게 무척 친근하다. 하지만 그 강도는 의외로 잘 알려지지 않았다. 그럼 몇 가지 자석의 강도를 자속 밀도 테슬라(T)로 비교해 보자.

자석의 강도 비교

T	구체적인 사례
10^{-18}	현재까지 측정에 성공한 최소값
10^{-12}	인간의 뇌
10^{-6}	적도에서 측정한 지구 자기의 강도
10^{-3}	메모 등을 붙이는 자석의 강도, 태양 흑점의 자기
1	일반적인 스피커의 자석
10^{1}	초전도 자석
10^{3}	인공적으로 만들어 낸 최강의 자석

COLUMN 5

자석

자석이 지닌 성질을 자성이라고 한다. 자성은 원자를 형성하는 전자의 성질을 바탕으로 한다. −e의 전하를 가진 전자는 자전하고 있다. 그 결과, 자기 모멘트(자극의 세기와 N극, S극 사이 길이의 곱) M이 발생한다. 이것이 자성의 발생원이다.

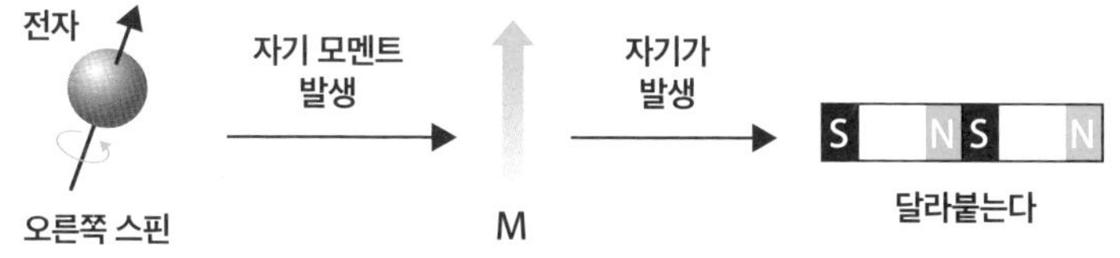

M은 전자의 자전 방향에 따라 M 또는 −M이 된다. 전자의 자전 방향에는 오른쪽 스핀(우회전)과 왼쪽 스핀(좌회전)이 있다.

일반적으로 전자는 오른쪽 스핀과 왼쪽 스핀이 같이 전자쌍을 이루는 성질이 있다. 이렇게 되면 M은 상쇄되어 0이 되므로, 이러한 전자 상태의 물질은 자성을 지니지 않은 비자성체가 된다. 일반 유기물이 그에 해당한다.

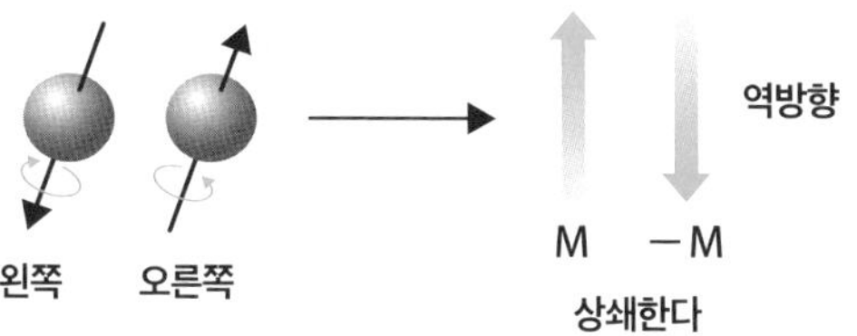

하지만 홀수의 전자를 가지는 물질에는 M이 남아 있으므로 '자성체'가 된다. 그리고 M의 나열 방식에 따라 강자성체, 비자성체, 상자성체 등으로 분류된다. 강자성체는 영구 자석이다.

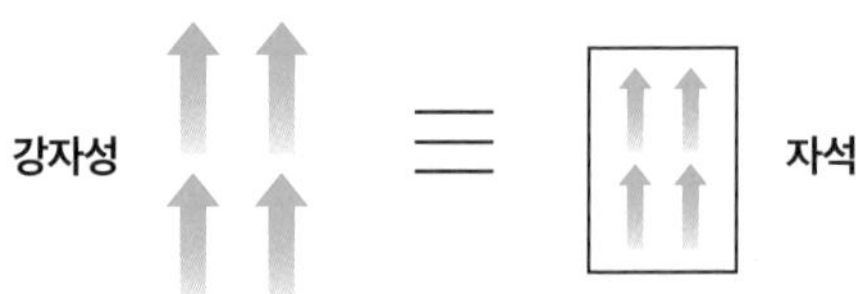

반면 상자성체는 가까이에 자성체가 오면 M을 일정 방향으로 나열하고, 일시적인 강자성체가 되어 자석에 달라붙는다. 이것이 철과 산소이다. 철로 된 못은 외부의 강력한 자석에 달라붙게 하면 내부의 M이 일정 방향으로 나열되어, 다른 금속을 달라붙게 한다(자석이 된다).

그런데 그 못을 얼마간 내버려 두면, 다시 M이 뿔뿔이 흩어져 금속을 끌어들이는 힘을 잃는다.

한편 의외라고 생각할지도 모르겠으나, 액체 산소는 강력한 자석에 달라붙는다.

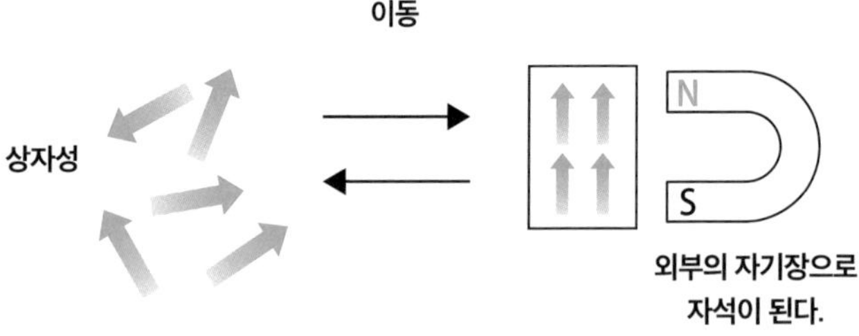

제1부

SI 단위계를 중심으로 한 7가지 세계

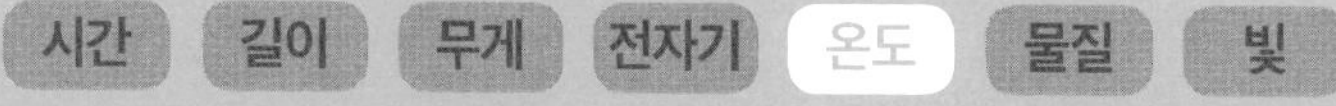

CHAPTER

5

온도의 단위와 기호

1 절대 온도 켈빈 [K]

온도의 기본 단위

단위 · 기호			
K		읽는 법	켈빈
		의미	모든 온도의 기본

의미 · 정의

과학적으로 정확한 온도 척도를 위해 만든 것이 바로 절대 온도(K: 켈빈)이다. 절대 온도는 SI 단위계에 있는 '7가지 기본 단위' 중 하나이다.

온도 척도를 만들려면 적어도 두 가지 기준점이 필요하다. 절대 온도에서는 하한선을 0K으로 삼는다. 즉, 그보다 더 낮은 온도는 존재하지 않는다. 따라서 섭씨온도(℃)와 달리 절대 온도에는 영하가 없다.

또 한 가지 온도는 물의 삼중점(0.006기압에서 0.01℃)이다. 삼중점이란 물의 세 가지 상태, 즉 고체 상태인 얼음, 액체 상태인 물, 기체 상태인 수증기가 동시에 존재하는 온도를 말한다(106페이지 참조).

물의 녹는점(0℃)과 끓는점(100℃)은 압력이 달라지면 변화한다. 하지만 삼중점의 온도는 압력의 영향을 받지 않는다. 애초에 압력이 달라지면 삼중점이라는 세 가지 상태(삼상)의 공존이 일어날 수 없다. 그러니 그 상태가 일어났다면 압력이 0.006 기압, 온도 0.01℃인 것이다.

절대 온도는 이 삼중점의 온도를 273.16K(0.01℃)으로 정의한다.

당연히 절대 온도의 눈금은 0~273.16K 사이를 273.16등분한다. 즉, 온도 간격은 섭씨온도 그대로인 셈이다.

따라서 절대 온도와 섭씨온도의 관계는 다음과 같다.

$$T(\mathrm{K})=273.15+t(^{\circ}\mathrm{C})$$

단위 · 기호의 유래

절대 온도의 단위인 켈빈(K)은 이 온도 척도를 제창한 영국의 물리학자 켈빈 경, 그러니까 윌리엄 톰슨(William Thomson, 1824~1907)의 이름에서 따왔다. 참고로 켈빈 경의 '켈빈'은 그가 연구 생활을 한 지역 글래스고의 켈빈강에서 유래하였다.

역사를 훑어보면 온도를 나타내는 척도에는 그 밖에도 섭씨온도(℃)와 화씨온도(℉)가 있다. 과학적으로는 섭씨온도(℃)가 합리적인 듯 보이지만, 그래도 난점은 있다. 요컨대, 기준이 되는 물의 녹는점과 끓는점은 압력과 불순물의 영향을 받는다. 그래서 이러한 영향을 받지 않는 척도로 고안된 것이 절대 온도(K)인 셈이다.

쓰이는 분야

오늘날의 과학은 절대 온도 위에 성립하고 있다. 절대 온도의 특징은 고온에 상한선이 없다는 점이다. 태양 내부나 우주 초기의 초고온 시대와 같이 몇억 K도 몇 조 K도 얼마든지 기술할 수 있는데, 대신 절대 온도의 하한선은 엄연히 존재한다. 그것이 절대 영도, 즉 0K(−273.15℃)이다.

절대 온도는 물체(원자, 분자) 운동의 눈금이다. 이 물체들의 운동 세기는 온도에 비례한다. 그 예로 기체의 부피는 절대 온도에 비례한다는 보일의 법칙을 들 수 있다.

이론적으로는 0K일 때 모든 물체(원자, 분자)는 운동(열 진동)을 멈추고 정지한다. 이 0K에 가까운 온도를 만들어 낸 것이 네덜란드의 과학자 온네스(H. Kamerlingh−Onnes, 1853~1926)였다. 그는 액체 헬륨(끓는점 4.22K)을 만들었다.

이 온도를 이용해 다양한 물질의 성질을 조사한 끝에, 상상하지도 못한 현상을 발견해 냈다. 그중 하나가 **초전도**이다. 초전도는 저온일 때 수은의 전기 전도율을 측정하다가 발견한 현상이다. 일반적으로 금속의 전기 전도율은 저온이 되면 상승한다. 그러니 수은도 그래야 할 터였는데, 헬륨의 끓는점에 가까운 4.2K가 되자 갑자기 전기 전도도가 무한대가 되었다. 전도율이 무한대라는 것은 요컨대 전기 저항이 0이라는 말이다. 이 상태를 '초전도 상태'라고 부른다.

초전도 상태에서는 전기 저항=0, 그러니까 코일에 발열 없이 대전류를 보내고 몹시 강력한 전자석인 초전도 자석을 만들 수 있는 것이다. 현재, 초전도 자석은 NMR(핵자기 공명), MRI(핵자기 공명 영상법) 등 의료 장비에 이용되고 있으며 나아가 일본은 초전도 자기부상열차 운행을 추진하고 있다.

2 섭씨온도 [℃]

단위·기호	섭씨온도	
℃	읽는 법	도(섭씨온도)
	의미	물의 녹는점, 끓는점을 기준으로 한 온도

의미 · 정의

섭씨온도(℃: 셀시우스도)는 1기압에서 물의 녹는점을 0℃, 끓는점을 100℃로 한 온도 척도를 말한다. 현재는 절대 온도를 써서 **켈빈(K)으로 표시한 열역학 온도에서 273.15를 뺀 값**으로 정의한다.

$t(℃)=T(K)-273.15$

단위 · 기호의 유래

단위 ℃는 이름은 이 척도를 발명한 스웨덴의 천문학자 안데르스 셀시우스(Anders Celsius, 1701~1744)의 머리글자 'C'에서 유래했다. 이 이름을 중국에서 '攝爾修斯'라고 음역했고, 우리는 첫 글자에 존칭을 붙여 섭씨(攝氏)로 쓰게 되었다.

다만, 셀시우스의 생각은 물의 끓는점을 0도, 녹는점을 100도, 그러니까 온도 눈금을 저온 쪽으로 내려가게 하는 것이었다. 그가 죽은 후에 현재 표시법으로 바뀌었다고 한다.

한편 ℃에는 접두어를 붙이면 안 된다고 정해져 있기 때문에, 1,000배를 의미하는 접두어 k(킬로)를 붙여 1,000℃를 '1k℃'로 쓸 수는 없다.

쓰이는 분야

현재 섭씨 척도는 절대 온도로 정의되고 있다. 절대 온도는 물의 끓는점이나 녹는점이 아니라, 물의 삼중점인 0.01℃를 273.16K로 정의한다. 즉, 섭씨로 잰 삼중점의 온도를 절대 온도로 치환한 것이다.

이 결과, 1기압에서 물의 끓는점은 100℃가 아니라 99.9743℃, 녹는점은 0.002519℃가 된다.

COLUMN 6

온도계

통틀어 '온도계'라고 부르지만, 사실 온도계의 종류는 다양하다. 제일 일반적인 것은 실내 온도를 재는 유형이다. 실내 온도계는 유리관 안에 넣은 붉은 액체의 높이로 온도를 잰다. 붉은 액체는 알코올에 붉은 색소를 섞은 것으로, 알코올의 부피 팽창 원리를 이용했다.

몸의 온도를 재는 체온계도 있다. 옛날에는 체온계 안에 은색 액체가 들어 있었는데, 그 정체는 바로 수은(Hg)이다. 그런데 수은에 독성이 있다고 해서, 요즈음에는 대부분 IC(직접 회로)를 이용한 디지털식 체온계로 바뀌었다. 디지털식 체온계의 장점은, 측정을 시작한 시점부터의 온도 상승률을 통해 앞으로의 포화 온도를 측정할 수 있다는 것이다. 재빠르게 체온을 측정할 수 있게 되어, 성격 급한 사람에게 무척 유용하다. 아기용으로, 이마에 붙여 색깔 변화로 온도를 추정하는 유형의 체온계도 있다. 이 체온계는 나선 구조 액정을 이용한 것인데, 나선의 길이가 온도에 의존한 결과 나선의 각 층에 반사하는 빛의 간섭색이 변하는 원리를 이용했다.

3 화씨온도 [°F]

화씨온도

단위·기호			
°F		읽는 법	도(화씨온도)
		의미	한제와 혈액을 기준으로 한 온도

의미·정의

현재의 화씨온도(°F)는 섭씨온도와 마찬가지로 절대 온도를 기준으로 정의되고 있다. 그에 따르면 화씨는 **켈빈으로 나타낸 열역학 온도의 1.8배에서 459.67을 뺀 것**이다.

화씨(°F)=1.8K−459.67

단위·기호의 유래

화씨(°F)라는 이름은 이 온도 척도를 제창한 독일의 과학자 가브리엘 파렌하이트(Gabriel Daniel Fahrenheit, 1686~1736)에서 따왔다. 그의 이름을 중국에서 '華倫海特'라고 썼기 때문에, 화씨(華氏)라고 부르게 되었다. 기호 F는 독일명인 'Fahrenheit'의 머리글자이다.

파렌하이트가 이 온도 척도를 생각했을 때에는 한제 온도와 사람의 체온을 온도 기준으로 삼았다.

한제란 물체를 차게 만드는 물질을 말한다. 가정에서도 쉽게 만들 수 있는데, 얼음과 소금(염화나트륨)을 섞으면 된다. −21.2도(℃)까지 온도가 내려가므로, 옛날에는 아이스크림을 만들 때 이용했다.

화씨는 이 한제의 온도를 저온의 기준으로 삼고, 반대로 고온은 사람의 체온을 기준으로 삼아, 96도로 정했다. 96도로 정한 것에 과학적인 의미는 없는 듯하다.

이 온도 척도로 물의 온도 변화를 측정하자 녹는점이 31.2도, 끓는점이 206.5도가 되었다고 한다. 그런데 이것으로는 녹는점과 끓는점의 온도 차이가 175.3도가 되어 그의 미학에 들어맞지 않았기 때문에, 온도 차이가 180도가 되도록 고쳐서 물의 녹는점을 32도, 끓는점을 212도로 정했다.

한편 화씨온도를 만든 파렌하이트는 온도 측정에 계속해서 변함없는 관심을 가졌다. 그는 알코올 온도계를 만들었고, 커다란 오차를 없앤 수은 온도계도 제작했다. 또, 온도가 다른 두 종류의 액체를 섞어도 그 혼합 액체의 온도가 최초 두 종류 액체의 평균치 온도가 되지 않는다는 사실을 발견하여, 훗날 비열 발견의 선구적인 연구도 했다.

쓰이는 분야

화씨온도의 정의에 따라 섭씨온도와 화씨온도의 관계는 다음 식과 같다.

화씨온도=(9/5)×섭씨온도+32

화씨온도는 한국에서 쓰지 않고, 과학에서도 사용하지 않는다. 미국에서는 쓰지만, 기온을 나타낼 때만 쓴다. 느낌상으로는 아래와 같이 생각할 수 있다.

0°F: 바닷물이 얼 때의 기온(−17.8℃)

100°F: 높은 체온(37.8℃)

그렇지만 화씨가 고안된 것이 1720년 무렵이고 섭씨가 고안된 것은 1742년이다. 즉, 섭씨의 온도 척도를 생각할 때 물의 녹는점과 끓는점은 애당초 화씨를 써서 잰 것들인 셈이다. 그렇게 생각해 보면 화씨는 섭씨를 만드는 데 쓰였다고 말할 수 있다.

COLUMN 7

독특한 온도 척도

절대 온도(K), 섭씨온도(℃), 화씨온도(°F) 이외에도 온도 척도는 더 있다.

• 랭킨온도(란씨온도: °R)

영국의 물리학자 윌리엄 랭킨(William John Macquorn Rankine, 1820~1872)이 고안한 온도 척도이다. 0K(절대 온도 0도)를 0°R(란씨 0도)로 삼고, 온도 간격은 화씨의 눈금을 이용했다. 즉, 화씨온도와 절대 온도를 합친 것이다. 그 정의는, 아래와 같다.

란씨=(9/5)×K

현재는 거의 쓰지 않는다.

랭킨은 그때까지 열역학의 주류였던 열을 물질로 생각하는 열소설을 부정하고, 근대적인 에너지 개념을 도입했다. 거의 동시대에 활약했던 톰슨(켈빈 경), 클라우디우스와 함께 열역학을 확립한 인물로 평가받는다.

• 레오뮈르온도(열씨온도: °Ré)

프랑스의 과학자 르네 레오뮈르(René Antoine Ferchault de Réaumur, 1683~1757)가 고안했다. 물의 녹는점에서 끓는점까지의 사이를 80등분한 온도 척도인데, 그런 의미에서는 섭씨온도와 비슷하다. 옛날에 프랑스에서 썼지만, 현재는 쓰지 않는다.

레오뮈르는 곤충학자로도 알려져 있는데, 세계적으로 유명한 6권짜리 대작 《곤충기》를 집필하였다.

4 녹는점 [mp], 끓는점 [bp]

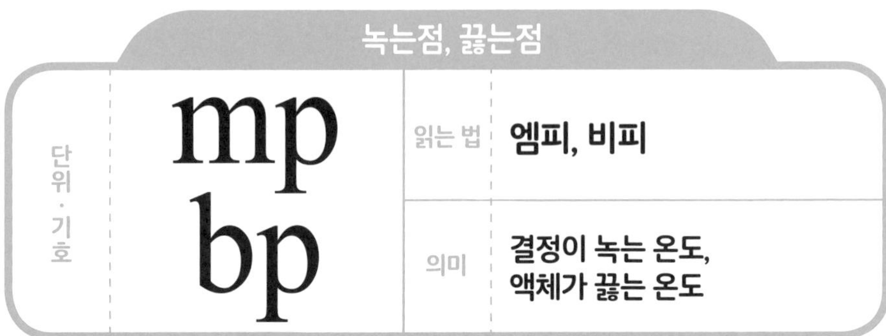

의미 · 정의

일반적으로 물질은 저온에서는 고체 결정, 고온에서는 기체, 그 중간 온도에서는 액체가 된다. 고체, 기체, 액체 등을 물질의 상태라고 하며, 물질이 그러한 상태 사이에서 변화하는 것을 **상변화**라고 한다.

이 상변화 중 고체가 액체로 바뀌는 변화(융해), 혹은 액체가 고체로 변화(응고)하는 온도를 **녹는점(mp)**이라고 하며, 액체에서 기체로 변화(기화), 혹은 기체에서 액체로 변화(액화)하는 온도를 **끓는점(bp)**이라고 한다.

물질의 세 가지 상태

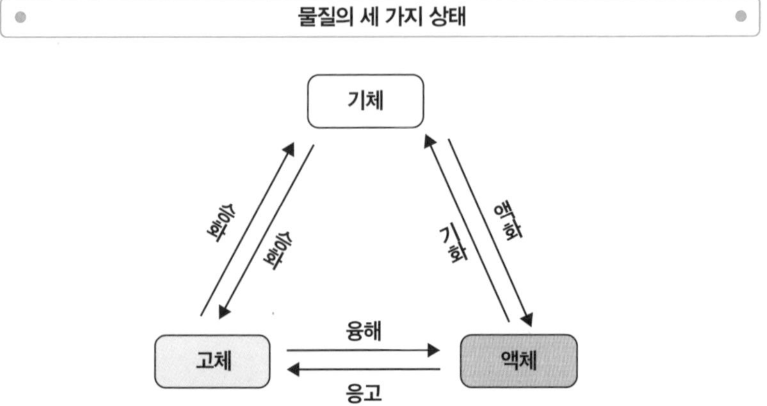

단위 · 기호의 유래

녹는점 mp는 melting point, 끓는점 bp는 boiling point의 약자이다.

쓰이는 분야

물질의 녹는점과 끓는점은 압력의 영향을 받는다. 보통 고압에서는 녹는점이 낮아지고 끓는점은 높아진다. 이 관계를 나타낸 것이 물질의 상태도이다. 물의 상태도는 아래에 소개했다.

상태도를 보면 곡선 ab와 ad, 선분 ac로 나누어진 세 개의 영역(영역 Ⅰ~영역 Ⅲ)이 있다. 물의 압력 *P*, 온도 *T*를 나타내는 점(*PT*)이 영역 Ⅰ에 있을 때는 물은 고체, 영역 Ⅱ에 있으면 액체, 영역 Ⅲ에 있으면 기체인 수증기이다.

만약 곡선 ab 위에 있다면 어떨까? 액체와 기체가 공존하는 상태, 즉 '비등 상태'임을 의미한다. 그래서 곡선 ab를 비등선이라고 부르기도 한다. 마찬가지로 선분 ac는 응고선, 곡선 ad는 승화선이라고 한다.

상태도로 보는 물의 상변화

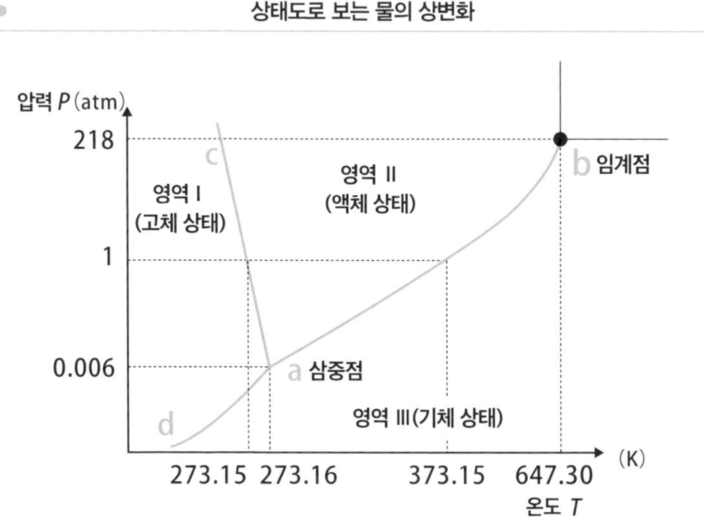

1기압의 선과 곡선 ab가 만나는 점의 온도는 100℃(373.15K)이다. 이것은 물의 끓는점이 1기압일 때 100℃임을 의미한다. 압력이 높아지면 끓는점도 높아진다는 사실을 알 수 있다. 이는 압력솥 안이 100℃ 이상이 됨을 의미한다.

1기압일 때 물의 녹는점은 0℃인데, 압력이 높아지면 녹는점은 내려간다. 즉 고압에서 물은 0℃ 이하가 아니면 얼지 않고, 이를 반대로 말하면 0℃ 이하에서 얼음이 녹는다는 뜻이다.

빙판 위에서 스케이트를 신고 서면 얼음에 압력이 미쳐서 녹는점이 내려가고 얼음은 녹는다. 이때 나온 물이 윤활제 역할을 하기 때문에 스케이트를 신은 사람이 부드럽게 앞으로 나아갈 수 있는 것이다.

COLUMN 8

녹는점, 끓는점 이외의 특수 온도

앞 페이지에 나온 물의 상태도에서 곡선 **ad**가 나타내는 현상은 결정이 액체 상태를 거치지 않고 바로 기체가 되는 상변화로 승화라고 부른다. 물의 경우 얼음이 바로 수증기가 되는 변화다. 이는 식품 등의 동결 건조에 이용된다. **0**℃ 이하에서 일어나므로 식품에 열 변화 없이 수분을 제거할 수 있다.

점 **a**는 삼중점이라고 부른다. 여기에서는 얼음, 물, 수증기라는 세 가지 상태가 공존한다. 간단히 말하면 얼음물이 얼음을 동동 띄운 채로 비등하는 현상이다. **0.006**기압이라는 진공(저압) 상태이므로, 일상에서 일어나기란 불가능하다. 이 온도가 절대 온도를 정의하는 데 쓰인다.

온도는 절대 온도 **0**K(−**273**℃) 이하로 내려가지 않기 때문에 선분 **ac**와 곡선 **ad**는 **0**K의 세로축에 부딪치는 지점에서 끝나게 된다. 그러면 곡선 **ab**는 영원히 계속 이어질까? 그것은 불가능하고, 그래프의 점 **b**에서 끝난다. 이 점을 임계점이라고 부른다.

5 몰랄 내림 상수 [K_f]

몰랄 내림 상수, 몰랄 오름 상수

단위·기호	읽는 법	케이에프, 케이비
K_f, K_b	의미	용질을 녹인 용매의 어는점 내림, 끓는점 올림의 정도

의미·정의

용매에 용질을 녹이면 그 농도에 따라 용액의 녹는점이 순용매보다 낮아지고, 끓는점은 순용매보다 올라간다. 이것을 각각 어는점 내림, 끓는점 올림이라고 부른다. 어느 정도까지 내려가고 올라가는지는 용매의 종류와 용질의 농도에 의존하며, 용질의 종류에는 의존하지 않는다.

용매 1,000g에 1몰(112페이지 참조)의 용질을 녹였을 때 녹는점이 내려가는 정도를 몰랄 내림 상수(K_f), 끓는점이 올라가는 정도를 몰랄 오름 상수(K_b)라고 부른다.

단위·기호의 유래

어는점이란 '액체가 고체로 변화하는 온도'를 말한다. 대부분의 경우, 고체가 액체가 되는 온도인 녹는점과 똑같다. 이를테면 '물→얼음'과 '얼음→물'의 온도는 같다.

어는점은 영어로 freezing point이다. 몰랄 내림 상수 K_f에서 f는 바로 여기에서 유래하였다.

쓰이는 분야

몰랄 내림 상수 K_f는 분자량을 측정하는 데 쓰인다. 예제를 풀면서 알아보자.

예제 **벤젠(mp=5.5℃, K_f=5.12) 1,000g에 분자량을 알 수 없는 물질 X를 100g 녹이고 그 어는점을 측정했더니, 0.38℃였다. 다음 표를 참고해서, 물질 X의 분자량을 구하라.**

용매	어는점(℃)	K_f	끓는점(℃)	K_b
물	0	1.86	100	0.52
벤젠	5.5	5.12	80.2	2.57
장뇌(camphor)	178	40.0	209	6.09

정답 표를 보면 용매인 벤젠의 어는점은 5.5℃인데, 0.38℃까지 내려갔으니 내려간 온도는 아래와 같다.

5.5℃−0.38℃=5.12℃

이것은 문제에도 나왔듯이, 벤젠의 몰랄 내림 상수(K_f=5.12)와 같다.

그런데 앞 페이지에 나온 것처럼 '용매 1,000g에 용질 1몰을 녹였을 때 녹는점이 내려가는 정도를 몰랄 내림 상수 K_f라고 한다'라고 했으니, 여기서 녹인 '물질 X 100g이 1몰'이었다는 이야기가 된다. 따라서 물질 X의 분자량은 100이다.

이처럼 어떤 것을 녹인 물의 녹는점은 0℃ 이하가 되고, 끓는점은 100℃ 이상이 된다. 주스나 바닷물이 잘 얼지 않는 것은 이런 이유 때문이다. 또, 한창 보글보글 끓고 있는 국은 100℃가 넘은 상태이니 조심해야 한다.

제1부

SI 단위계를 중심으로 한 7가지 세계

시간 길이 무게 전자기 온도 물질 빛

CHAPTER

6

물질의 단위와 기호

1 몰 [mol]

물질의 기본 단위

단위·기호			
mol	읽는 법	몰
	의미	원자, 분자 등 입자의 개수 단위

의미 · 정의

아보가드로수 6.02×10²³개의 원자 또는 분자 등의 집단을 1몰이라고 하고, 몰(mol)을 단위로 나타낸 입자의 양을 물질량이라고 한다. 그리고 **모든 기체는 표준 상태(0℃, 1기압)일 때 1몰에 22.4L의 부피를 차지한다.** 즉, 아래와 같다.

1몰(mol)에서 6.02×10^{23}개, 부피는 22.4L

예제 1 9.03×10^{23}개인 원자의 물질량(몰)을 구하시오.

정 답 1몰은 어떤 분자, 원자라 할지라도 무조건 6.02×10^{23}개이다. 문제에서 총 9.03×10^{23}개인 원자가 있다고 했으니, $9.03\div6.02=1.5$라는 계산이 나온다. 따라서 답은 1.5몰이다.

몰은 다스, 그로스 등 일상에서 쓰는 물건을 헤아릴 때 단위와 같다. '연필 12자루'를 1다스라고 부르는 것과 같이, 6.02×10^{23}개의 원자(혹은 분자)를 1몰이라고 부르는 것일 뿐이다.

몰은 입자 개수에 따라 정해진 단위이지, 무게에 따라 정해진 것은 아니다. 따라서 같은 1다스라도 연필 1다스와 캔 맥주 1다스의 무게가 다르듯, 수소 분자 1몰과 이산화탄소 1몰은 무게가 다르다.

단위 · 기호의 유래

몰(mol)은 독일어로 분자를 나타내는 molekül에서 유래했다.

쓰이는 분야

몰(mol)은 간단한 개념이지만, 화학에서 무척 중요한 단위다. 몰과 관련된 중요 사항으로 다음과 같다.

• 원자 1몰의 질량은 원자량(에 그램g을 붙인 것)과 같다.

예제 2 **헬륨 원자 1몰은 몇 g인가? 단, 헬륨의 원자량은 4.003이라고 한다.**

정 답 헬륨의 원자량이 4.003이므로, 답은 4.003g이다.

• 분자 1몰의 질량은 분자량(에 그램g을 붙인 것)과 같다.

예제 3 **물 180mL가 든 컵이 있다. 물 분자는 몇 몰일까? 또, 몇 개의 분자로 이루어져 있을까? 이때 물(H_2O)의 분자량은 18이라고 한다.**

정 답 물의 밀도는 1kg/L이므로, 물 180mL의 질량은 180g이다. 한편 물의 분자량은 18이므로, 물 180g의 물질량(몰수)은 180÷18=10(몰)이다. 1몰일 때 물 분자는 6.02×10^{23}개 있으니, 물 분자가 10몰 있으면 그 분자의 개수는 $6.02\times10^{23}\times10=6.02\times10^{24}$(개)이다.

• 기체 1몰의 부피는 기체의 종류와 상관없이 1기압 0℃에서 22.4L이다.

예제 4 **22.4L인 수소 분자(H_2, 분자량 2)와 이산화탄소 분자(CO_2, 분자량 44) 각각의 질량은 얼마인가?**

정 답 수소 분자, 이산화탄소 분자가 각각 22.4L라는 것은 '1몰'이라는 뜻이다. H_2와 CO_2의 분자량은 각각 2와 44이므로, 1몰의 질량은 각각 2g(수소 분자)과 44g(이산화탄소 분자)이 된다.

예제 5 **수소(H_2, 분자량 2)를 담은 풍선과 이산화탄소(CO_2, 분자량 44)를 넣은 풍선이 있다. 이 중 공기(분자량 28.8) 중에서 상승하는 것은 어느 쪽 풍선일까? 단, 풍선의 질량은 무시할 수 있다.**

정 답 공기 속에서 상승할지 여부는 공기 분자량과 비교해 결정된다. 공기의 분자량은 28.8이라고 했으니, H_2의 공기에 대한 비중은 1보다 작고 CO_2는 1보다 크다는 사실을 알 수 있다.

따라서 예컨대 물보다 비중이 작은 나무토막은 물에 뜨고 물보다 비중이 큰 돌은 아래로 가라앉듯, 공기보다 비중이 작은 H_2를 담은 풍선은 위로 상승하고, 공기보다 비중이 큰 CO_2를 담은 풍선은 아래로 떨어진다.

COLUMN 9

기체의 부피는 22.4L

물이 저온에서는 고체인 얼음, 상온에서는 액체인 물, 고온에서는 기체인 수증기가 되듯 물질은 온도와 압력에 따라 상태가 달라진다.

결정 상태(고체)에서는 물질을 구성하는 분자가 서로 밀착해서 삼차원에 걸쳐 규칙적으로, 몹시 질서정연하게 겹쳐져 있다.

액체 상태가 되면 이 규칙성은 사라지고, 분자는 자유로이 돌아다닌다. 그러나 분자 간의 거리는 결정 상태와 거의 같다. 따라서 고체 상태와 액체 상태의 부피도 같다.

그런데 기체 상태가 되면 이야기는 다르다. 분자는 비행기에 버금가는 엄청난 속도로 공중을 날아다닌다. 그래서 분자끼리 멀리 떨어져, 분자 간의 거리가 커진다. 이러한 기체를 풍선에 넣으면 분자는 풍선의 벽(고무)에 충돌해서 풍선을 점점 더 부풀린다.

기체의 부피란 팽창된 풍선의 부피를 일컫는다. 따라서 기체의 부피를 차지하는 분자의 실 부피는 무시할 수 있을 정도다. 요컨대, 기체의 부피라고 말할 수 있는 것의 대부분은 진공 공간의 부피인 셈이다.

이를테면 물 1몰의 기체(수증기) 부피는 0℃, 1기압에서 22.4L, 즉 22,400mL인 반면, 같은 조건에서 액체인 물의 부피는 불과 18mL(0.018L)에 지나지 않는다. 요컨대 기체 부피의 상태에 비하면 0.08%에 불과한 것이다. 나머지 99.92%는 진공의 부피가 된다.

이러한 이유 때문에 1몰의 기체 부피는 기체 분자의 종류와는 상관없이 22.4L(0℃, 1기압)이다.

2 아보가드로수 [N_A]

아보가드로수

단위·기호			
N_A	읽는 법	——
	의미	**1몰의 물질 속에 들어 있는 분자 등 입자의 개수**

의미 · 정의

아보가드로수(N_A)란 물질 1몰에 포함된 원자, 분자, 이온, 라디칼 등 입자의 개수로 다음과 같다.

아보가드로수=6.022140857(74)×10²³mol⁻¹*

아보가드로수는 다음과 같이 측정한다.

우선, 순수한 물질로 이루어진 단결정의 부피와 질량으로 밀도 ρ를 구한다. 그러면 그 결정 1몰의 질량, 몰 질량 M이 나온다. 다음으로 X선 간섭계를 써서 그 결정의 격자 상수(단위 결정의 크기) a를 구한다.

그 물질의 단위 결정에 포함되는 원자의 개수 n은 알고 있으므로, 아보가드로수 N_A는 다음 식으로 구할 수 있다.

$$N_A = \frac{nM}{\rho a^3}$$

실제로는 현재 가장 불순물이 적고 완전한 결정을 주는 것으로 알려진 규

* **괄호 속 74의 의미**: 측정에서의 '불확실함'을 나타내는 것으로, $(6.022140857 \pm 0.00000000074) \times 10^{23}$을 의미. 117페이지에 나오는 로슈미트수 $2.6867811(15) \times 10^{25}$도 마찬가지이다.

소(Si)의 동위원소 ^{28}Si의 결정을 이용해서 측정한다. 이 책에서 소개한 아보가드로수는 2011년에 발표된 것이다.

단위 · 기호의 유래

기호 N_A의 N은 number, A는 발견자인 이탈리아의 과학자 아보가드로(Amedeo Avogadro, 1776~1856)의 머리글자이다. 단위는 mol^{-1}(또는 /mol)이므로, '1몰당'이라는 의미가 된다.

쓰이는 분야

아보가드로수는 물질량 몰을 정의하는 데 쓰인다.

아보가드로수와 비슷한 상수로는 로슈미트수(n_0, N_L)가 있다. 이것은 0℃, 1기압에서 $1m^3$ 부피 중에 존재하는 기체 분자의 개수인데, $2.6867811(15) \times 10^{25}$이다. 물리학 쪽에서 많이 쓰인다.

COLUMN 10

아보가드로수를 실감하다

아보가드로수의 크기를 실감할 수 있는 예제를 살펴보자.

'180mL짜리 물 한 컵이 있다(1몰은 6.02×10^{23}개). 이 물 분자를 전부 붉게 물들인 다음 바다에 버린다. 물 분자는 태평양으로 퍼져 나가 이윽고 수증기가 되어 지구 전체에 퍼진다. 몇만 년이 지난 후 붉은 물이 지구 전체에 균등하게 퍼졌다고 하자. 그때 물을 한 컵(180mL) 퍼 올린다면 이 컵에는 과연 붉은 물 분자가 몇 개나 들어 있을까?'라는 질문이다.

계산하려면 지구 전체에 있는 물의 총량이 필요한데, 과정을 생략하고 답만 말하면 '평균해서 수백 개의 분자가 들어 있다'이다. 아보가드로수가 얼마나 말도 안 되게 큰 수인지 실감 나는가?

3 돌턴 [Da]

원자량의 기준이 되는 단위

단위 · 기호	읽는 법	돌턴
Da	의미	탄소의 동위원소 ^{12}C 질량의 1/12

의미 · 정의

원자량의 단위에는 통일 원자 질량 단위(u)와 돌턴(Da)이 있는데, 이 둘의 정의는 완전히 똑같다. 요컨대, 정지해서 바닥상태에 있는 탄소의 동위원소 ^{12}C 질량의 12분의 1을 1돌턴이라고 한다. 그 무게는 1돌턴=1.660538921(73)×10^{-27} kg이다.

다만, 현재 통일 원자 질량 단위는 비공식적이고, 돌턴이 공식 단위이다.

단위 · 기호의 유래

돌턴(Da)이라는 이름은 근대 원자론을 제창한 영국의 과학자 존 돌턴(John Dalton, 1766~1844)에서 유래했다. 그리고 통일원자 질량 단위의 기호 u는 통일을 뜻하는 단어 unified의 머리글자이다.

옛날에는 원자 질량 단위(amu)도 있었는데, 정의가 여러 개라서 혼란스러웠기 때문에 현재의 통일 원자 질량 단위로 통일했다.

쓰이는 분야

돌턴은 원자량을 정할 때 기준으로 쓰인다. 12개 핵자(양성자와 중성자)로 된 ^{12}C의 질량수는 12로 정의하고 각 핵자의 질량은 대략 1돌턴인데, 실제로는 높은 원자핵 에너지를 질량으로 가지고 있기 때문에 각각의 질량은 아래와 같다.

양성자: 1.0073u

중성자: 1.0086u

COLUMN 11

바닥상태와 들뜬상태

원자와 분자에는 '에너지 상태'라는 것이 있는데, 각 상태에 따라 가진 에너지가 다르다. 에너지가 가장 작은 상태, 즉 낮은 에너지 상태를 바닥상태라고 부르고, 그것 이외의 상태, 그러니까 높은 에너지 상태를 들뜬상태라고 한다.

질량과 에너지

상대성 원리에 따르면 에너지 E와 질량 m은 광속 c를 중개하는 역할을 해서 $E=mc^2$라는 관계가 성립한다. 즉, 에너지가 다르면 질량이 다른 것이다. 그래서 원자 질량 단위와 돌턴의 정의에는 '바닥상태인 원자'라고 에너지 상태가 규정되어 있다.

바닥상태, 들뜬상태

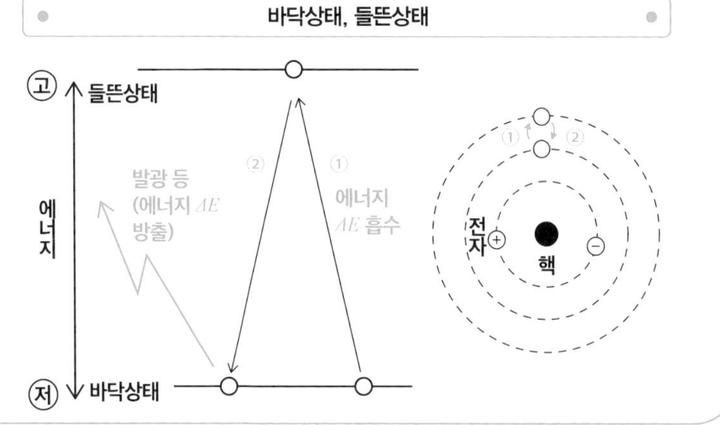

이 원리가 가장 두드러지게 나타나는 것은 원자핵 반응이다. 원자핵 분열과 원자핵 융합 등의 반응에서는 반응 전과 반응 후 물질의 질량이 달라진다. 요컨대 반응 후에는 질량이 감소한다. 이 감소한 질량, 질량 결손이 원자핵 반응의 에너지가 된다.

태양과 항성이 빛을 내는 에너지, 수소 폭탄의 파괴 에너지 등은 전부 원자핵융합으로 발생한 에너지이다. 그리고 원자력 발전 에너지, 원자 폭탄의 파괴 에너지는 원자핵 분열로 일어난 에너지이다.

들뜬상태와 발광

바닥상태인 원자는 외부로부터 에너지 ΔE를 받아들여 높은 에너지인 들뜬상태가 되고, 그 후 ΔE를 방출해 다시 바닥상태로 돌아간다. 이때의 ΔE가 빛 에너지가 되면 원자의 발광으로 관찰된다. 수은등(형광등)이나 네온사인 발광은 이러한 원리에 의한 것이다.

요컨대 수은(Hg)이나 네온(Ne) 원자는 전기 에너지 ΔE를 주면 흡수해서 들뜬상태가 된다. 그런데 바닥상태는 불안정하므로, ΔE를 방출해서 원래 바닥상태로 돌아간다. 이때의 ΔE가 빛이 되는 것이다.

에너지와 빛의 파장 λ(람다) 사이에는 다음과 같은 관계가 성립한다.

$$E=\frac{ch}{\lambda} \quad (h\text{: 플랑크 상수, } c\text{: 광속})$$

즉, 에너지 E가 크면 파장 λ는 짧아지고, 빛은 푸른색이나 자외선이 된다. 반대로 E가 작으면 λ는 길어지고, 빛은 붉은색이나 자외선이 된다. 수은등의 빛이 푸른색이고, 네온사인의 빛이 붉은색인 데에는 이러한 이유가 있다.

CHAPTER

7

빛·소리·색채의 단위와 기호

1 칸델라 [cd]

밝기의 기본 단위

단위 · 기호	읽는 법	칸델라
cd	의미	광원의 밝기를 나타내는 기본 단위

의미 · 정의

칸델라(cd)는 SI 단위계의 7가지 기본 단위 중 하나로, 밝기의 강도를 나타낸다. 그런데 cd는 지금까지 나온 다른 강도와는 다르다. 1장~6장에서 소개한 강도(척도)는 원칙적으로 측정 기구를 써서 잴 수 있는 강도, 즉 물리적으로 계측 가능한 강도였다.

그런데 강도 중에는 사람이 아니면 모르는 것이 있다. 이러한 양을 특히 **심리 물리량**이라고 부른다. 그중 하나가 '밝기'이다. 밝기는 물론 인간이 느끼는 밝기이다. 그런데 인간이 느끼는 밝기와 해파리가 느끼는 밝기가 같을까?

인간이 느끼는 밝기는 빛과 '인간의 망막 속 시각 세포'의 상호 작용이다. 인간의 시각 세포와 해파리의 시각 세포가 느끼는 빛에는 차이가 없을까? 이렇게 생각하면 '밝기란 어떻게 정의해야 좋을까?'라는 근본적인 문제에 부딪히고 만다.

그래서 '밝기'도 몇 가지 요소로 나누어 생각해야 한다는 의견이 나왔다. 그 결과 광도(칸델라), 휘도(니트, 스틸브), 광선속(루멘), 조도(럭스)라는 밝기가 각각 등장했다.

여기서는 먼저 광도를 살펴보도록 하자.

• 칸델라(cd)

밝기는 인간이 느끼는 것이다. 해파리와 인간은 밝기를 느끼는 방식이 다르다. 광도는 그러한 인간 중심의 척도에서 **광원이 발하는 빛**의 밝기를 나타낸 것이다.

그 정의는 '주파수 540×10[12]헤르츠(Hz)의 단색 복사를 방출하고, 일정 방향에서 오는 그 복사 강도가 매 스테라디안당 1/683와트일 때 광원의 광도' 이다.

여기서 스테라디안(sr)은 각도의 단위로, 원뿔의 꼭지점이 나타내는 입체각을 말한다. 좀 더 자세히 설명하면, 1스테라디안은 구의 반지름 r의 제곱과 같은 면적(즉 r^2)인 구면상에서 중심에 대한 입체각[sr]이라고 정의할 수 있다.

스테라디안(sr)

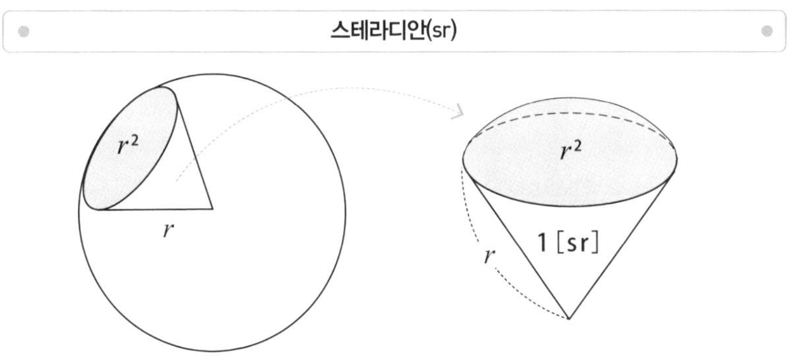

또, 1/683이라는 숫자는 예전에 썼던 단위와 비슷하게 맞추기 위해 필요한 숫자이다.

그리고 주파수 540×10[12]헤르츠(Hz)의 단색 복사란, 파장으로 말하면 555nm로 녹색 부근에 있는 가시광선을 의미한다. 밝은 환경에 적응한 경우 인간의 눈은 이 빛에 대한 반응 정도가 가장 좋아서 선택되었다.

• 광원의 밝기

광도의 단위인 1칸델라는 양초 1개의 밝기에 해당한다. 여기서 주의해야 할 점은 **칸델라가 광원이 내뿜는 빛의 광도이지 그 빛이 도달하는 장소의 밝기와는 무관하다**는 것이다. 즉, 멀리 있는 광원이 내뿜는 1조 칸델라보다 눈앞에 있는 광원이 내뿜는 1칸델라가 관찰자 입장에서는 더 밝을 수 있다.

• 천문학적 광도

한편, 광도에는 위에서 설명한 광학적 광도 이외에 별 등의 광도를 나타내는 천문학적 광도(L)가 있다. 이것은 천체가 단위 시간 동안 방사하는 에너지를 가리키는 물리량으로, 단위는 국제 단위계에서는 W로 나타내고, CGS 단위계에서는 erg/s로 표시한다.

또, 태양의 광도 L_S(=3.827×10^{26}W)를 단위로 하기도 한다.

단위 · 기호의 유래

칸델라(cd)는 candle(양초)에서 유래한 용어다.

쓰이는 분야

칸델라는 '광원의 밝기' 단위로 각 방면에서 쓰이고 있다. 이를테면 25W인 전구형 형광등의 광원은 135칸델라이다. 또 자동차 헤드라이트 등의 밝기 규제에도 사용된다. 규제에 따르면 2등식 주행용 전조등은 등 하나가 15,000칸델라 이상이고, 최고 광도 합계가 112,500칸델라 이하로 정해져 있다. 또 차폭등, 후미등, 위치등 등은 300칸델라 이하여야 한다.

2 니트 [nt], 스틸브 [sb]

휘도

단위·기호			
nt, sb	읽는 법	니트, 스틸브
	의미	밝기를 나타내는 척도

의미 · 정의

같은 밝기의 방이라면 형광 전구를 켜든 백열 전구를 켜든 밝기에 차이가 없다. 하지만 형광등과 백열전구는 '눈부신 정도'에서 차이가 난다. 빛을 내뿜는 물체가 어느 정도로 환해 보이는지, 인간의 느낌을 나타내는 지표가 바로 휘도이다. 휘도는 간단히 말하면 **단위 면적당 광도**에 해당한다. 같은 밝기라도 한 점에서 발하면 눈부시게 느껴지지만, 넓은 면적에서 발하면 그 정도까지는 아니다. 요컨대 휘도는 단위 면적당 광도에 비례한다고 볼 수 있다.

휘도를 나타내는 단위에는 니트(nt)와 스틸브(sb)가 있다.

• 니트(nt)

1제곱미터의 평면 광원의 광도가 그 평면과 수직인 방향에서 1칸델라일 때, 그 광도를 1니트(nt)라고 한다'이다.

• 스틸브(sb)

니트 정의에서 면적을 1제곱센티미터로 했을 때의 값이 1스틸브(sb)이다.

$1nt=1cd/m^2=10^{-4}sb$

$1sb=1cd/cm^2=10^4nt$

단위 · 기호의 유래

니드(nt)는 라틴어로 '광휘'를 의미하는 단어 nitor에서, 스틸브(sb)는 그리스어로 '광휘'를 의미하는 stilbein에서 유래하였다.

쓰이는 분야

색채의 3요소에는 색의 종류를 나타내는 '색상', 농도를 나타내는 '채도', 밝기를 나타내는 '명도'가 있다. '명도가 높다'라고 하면 '밝다'는 뜻으로, 텔레비전 등의 성능을 측정하는 중요한 척도가 된다.

COLUMN 12

휘도와 희토류 텔레비전

텔레비전이 브라운관이던 시절, 일본의 어느 대기업 가전제품 회사가 아름다운 컬러 화면을 자랑하는 텔레비전의 이름을 '키도칼라'라고 지어 화제가 되었다. 여기서 '키도'는 밝기를 나타내는 '휘도'의 일본 발음이며, 그 발광체의 원료로 쓰이는 원소군 '희토류'를 나타내기도 한다.

희토류는 영어로 '레어 어스'라고 불리며 다양한 산업에서 발광체, 자성체, 레이저의 발진체로 활약하고 있다.

3 루멘 [lm]

광선속

단위 · 기호	읽는 법	루멘
lm	의미	광자인 빛이 통과한 궤적 다발

의미 · 정의

상대성 원리에 따르면 빛은 광자라는 입자의 집합체이며, 광선은 그 입자가 지난 궤적에 해당한다.

이렇게 생각할 때 광선속이란 '1cd(칸델라)의 광원에서 1스테라디안(sr)의 범위 내에 복사된 광자의 개수'라고 볼 수 있다.

한편, 광선속의 단위인 1루멘(lm)의 정의는 **1칸델라인 점광원이 1스테라디안의 입체각 내에 방출하는 광선속**이다.

단위 · 기호의 유래

lm(루멘)이라는 기호는 '빛'을 의미하는 라틴어 lumen이 어원이다. lm을 '아이 엠'으로 착각하는 사람이 많이 있는데, 아이(I)가 아니라 엘(L)이다.

쓰이는 형태

전구의 밝기는 '와트'로 생각할 때가 많은데, 와트는 전구의 소비 전력을 나타내는 지표로 전구의 밝기와는 원래 아무 상관이 없다. 이를테면 같은 와트 수라도 백열등보다 형광등이 더 밝다. 조명 기구의 밝기는 광선속, 즉 루멘으로 표시하는 것이 확실하며, 실제로 그렇게 쓰고 있다.

참고로 백열전구의 와트수와 그 전구가 방출하는 모든 광선속을 나타내면 다음과 같다.

20W: 170lm 이상/ 40W: 485lm 이상

60W: 810lm 이상/ 100W: 1520lm 이상

LED 램프가 백열전구나 형광등보다 경제적인 이유는 같은 광선속을 얻기 위해 소비하는 전력(W)이 적어서이다. 조명 기구의 효율, 경제성은 1m/W에 따라 측정하는 것이 현명하다.

광도, 휘도, 조도

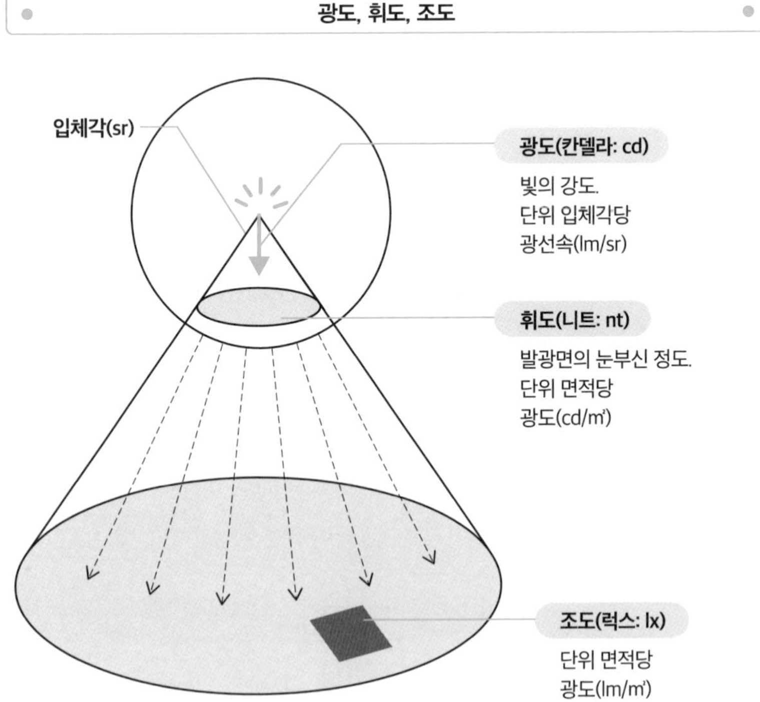

4 럭스 [lx]

조도

단위·기호	lx	읽는 법	럭스
		의미	밝기를 나타내는 척도

의미 · 정의

환한 대낮에도 양지와 음지는 밝기가 전혀 다르다. 하지만 태양빛 자체가 달라서 그런 것은 아니다. 즉 우리가 느끼는 밝기는 태양 자체의 밝기가 아니라 우리 '근처의 밝기'인 셈이다. 이렇게 우리 근처의 밝기를 나타내는 척도가 조도(lx)이다. 조도는 본래 광원의 밝기와 상관없이, 관찰자의 눈에 얼마만큼의 빛, 밝기가 닿느냐라는 '실질적인 밝기'를 나타내는 단위라고 할 수 있다.

조도의 단위는 럭스이며, 1럭스의 정의는 **1제곱미터의 면이 1루멘의 광선속으로 비추어질 때의 조도**이다.

단위 · 기호의 유래

럭스(lx)라는 단어는 라틴어로 '빛'을 의미하는 lux에서 유래했다.

쓰이는 분야

밝고 어두운 차이는 생활의 편리함과 질, 일의 능률에 커다란 영향을 미친다. 그래서 빛의 강도, 특히 실내와 책상 위의 밝기를 나타내는 조도는 사람들의 큰 관심을 받고 있다. 그중에서도 책상 위 조도는 무척 중요한데, KS 규격에서는 600럭스를 추천한다.

COLUMN 13

반딧불이의 빛으로 글자를 읽을 수 있을까?

형설지공(螢雪之功)이라는 고사성어가 있다. 옛날 중국 동진 시대, 등 기름을 살 돈이 없었던 가난한 두 청년 차윤과 손강이 반딧불이의 빛, 창밖에 쌓인 눈에 반사된 희미한 달빛에 의지해 공부해 입신양명했다는 이야기가 담겨 있다. 그런데 이것이 정말 현실적으로 가능한 이야기일까?

일반적으로 반딧불이로부터 1㎝ 떨어진 곳의 밝기가 3럭스로 알려져 있다. 평범한 사람이 신문을 겨우 읽을 수 있는 밝기가 5럭스라고 하니, 적어도 현대의 교과서나 신문의 작은 글씨를 읽기는 몹시 힘들 듯하다. 다만, 옛날 서적은 붓으로 썼고, 한 획이 2~3㎝나 되었다. 게다가 수십 마리의 반딧불이를 잡아 모으면 조도가 높아져 어쩌면 가능했을지도 모른다.

그럼 창밖의 눈은 어떨까. 반딧불이의 빛은 반딧불이의 자체 발광에 의한 것이지만, 창밖의 눈은 스스로 발광하지 않는다. 달빛을 반사한 것이어서 보름달이라도 뜨지 않는 이상 몹시 힘들지 않을까?

5 데시벨 [dB]

소리의 단위

단위·기호	dB, B phon	읽는 법	데시벨, 벨, 폰
		의미	소리의 크기(음압)를 나타내는 지표

의미 · 정의

소리는 음파라고 말하듯, 공기의 파동이다. 파동에는 횡파와 종파가 있는데, 음파는 종파(소밀파)에 해당한다. 이 소밀파가 물체에 닿으면 물체는 그것을 압력으로 받아들인다. 따라서 소리의 강약을 나타낼 때는 음파의 압력으로 표시하면 된다.

• 데시벨(dB), 벨(B)

소리의 강약, 즉 음파의 강약을 나타내는 단위로는 일반적으로 데시벨(dB)이 유명하다. 데시벨에서 '데시'는 10분의 1을 뜻하는 접두어이다. 그러니까 소리의 강약을 나타내는 본래의 단위는 데시벨이 아니라 벨(B)인 셈이다. 벨은 무명수(단위명이 붙지 않은 단순한 수)이다. 벨이 비율을 나타내기 때문이다. 데시벨의 정의는 아래 식과 같다.

$$n\,(\mathrm{dB}) = 20 \log \frac{P}{P_0}$$

즉, 측정한 소리의 음압 P와 기준이 되는 소리인 음압 P_0의 비의 대수(log)에 20을 곱한 것이다. P_0으로는 인간이 귀로 느낄 수 있는 최소 음압인 $P_0=20\mu\mathrm{Pa}$(마이크로파스칼)을 채택했다. 따라서 이 음압의 소리는 0데시벨이다.

• 폰(phon)

데시벨과 별개로 폰(phon)이라는 단위도 있다. 폰은 인간의 감각에 따르는 단위이다. 인간의 귀에는 잘 들리는 주파수와 듣지 못하는 주파수가 있다. 즉 같은 데시벨이라도 주파수에 따라 크게 들리는 것도 있고, 작게 들리는 경우도 있다.

그래서 주파수마다 데시벨 값에 인위적인 조작을 한 것을 폰이라고 정했다. 따라서 같은 폰이라면 우리의 귀에는 거의 똑같은 크기로 들리기 때문에 소음 공해 등을 측정할 때 폰을 이용한다.

단위 · 기호의 유래

벨(B)은 영국의 과학자 그레이엄 벨(Alexander Graham Bell, 1847~1922)의 이름에서 따왔다. 그레이엄이 전화를 개발했을 때 음압을 수치로 나타내는 지표의 필요성을 깨닫고 이 단위를 개발했다고 한다.

쓰이는 분야

벨, 데시벨은 소리와 관련된 모든 분야에서 쓰인다. 대표적인 소리와 그 데시벨 값은 아래 표와 같다.

데시벨(dB)과 소리의 크기

데시벨 값	배수	소리의 크기
0데시벨	1배	사람이 들을 수 있는 최소 크기
20데시벨	10배	부스럭대는 소리
40데시벨	100배	도서관의 정적
60데시벨	1,000배	대화 소리
80데시벨	10,000배	알람 시계 소리
100데시벨	100,000배	기차가 지나갈 때 고가 다리 아래
120데시벨	1,000,000배	제트기 폭음

6 헤르츠 [Hz]

파동의 단위

단위 · 기호			
	Hz ν, λ	읽는 법	헤르츠, 뉴, 람다
		의미	파동의 성질을 나타내는 척도

의미 · 정의

빛은 전자파라는 파동의 일종이며, 소리는 음파라는 파동이다.

• 파장, 진동수(단위 Hz, 기호 ν, f)

파동은 마루와 골로 이루어진 곡선의 연속으로, 마루에서 다음 마루까지의 거리를 파장(λ: 람다)이라고 하고, m 혹은 ㎚(10^{-9}m) 길이의 단위로 나타낸다.

1초 동안 나타나는 마루의 개수를 진동수(ν: 뉴) 또는 주파수(f)라고 하며, 헤르츠(Hz)로 나타낸다.

1㎝ 사이에 존재하는 파동의 개수를 파수($\tilde{\nu}$)라고 부르기도 한다. 파수는 진동수와 같다고 생각하면 된다.

단위 · 기호의 유래

주파수와 진동수는 완전히 같은 의미로, 기호는 둘 다 f이다. 이 기호는 frequency에서 따왔다. '주파수'는 주로 전기나 음향 분야 등 공학 분야에서 많이 사용되고, '진동수'는 자연 과학(이학)에서 물리, 화학 현상에 주로 쓰인다. 한편 주파수, 진동수는 일반적으로 기호 f를 써서 나타낸다고 했는데, 빛의 진동수에 관해서는 기호 ν(뉴)를 많이 쓴다.

쓰이는 분야

자연 과학에서 빛은 많은 현상에 관여하고, 심지어 광속은 자연 현상의 기본이라고 할 수 있다. 그래서 파동으로서 빛의 성질이 중요하다.

• 빛 에너지

빛은 에너지 E를 가지는데, 계수 h를 플랑크 상수로 '$E=hv$'라는 간단한 식을 써서 나타낼 수 있다.

한편, 광속 c는 진동수 v와 파장 λ(람다)의 곱으로 나타내므로 아래와 같다.

$$c=\lambda v$$

$v=c/\lambda$를 $E=hv$에 대입하면 아래와 같이 된다.

$$E=\frac{hc}{\lambda}$$

즉, **빛 에너지는 진동수에 비례하고, 파장에 반비례**한다.

• 빛(전자파)의 종류

빛은 전자파의 일종으로 기본적으로는 전파와 같지만 빛이라고 불리려면 조건이 필요하다. 바로 '파장이 400~800nm 사이'여야 한다는 것이다. 그것은 인간의 시각 세포가 빛으로 느낄 수 있는 파장대가 이 영역에 있기 때문이다. 무지개 일곱 색깔에 해당하는 빛도 이 영역에 존재한다.

파장이 800nm보다 긴 것은 적외선이라고 하는데, 인간의 피부는 적외선을 열로 느낄 수 있지만 눈으로는 감지할 수 없다. 그보다 더 긴 파장은 단파, 장파 등의 전파이다.

반대로 파장이 400nm보다 짧은 것은 자외선이라고 부른다. 이것도 적외선과 마찬가지로 사람의 눈에는 보이지 않지만, 꿀벌은 볼 수 있다고 한다. 자외선은 높은 에너지를 가지고 있기 때문에 자외선에 노출되면 피부 화상을 입고 염증과 각종 트러블이 발생한다.

자외선보다 더 짧은 파장은 X선이라고 부르는데, 생명에 위협이 될 정도로 위험하다. 또 X선 중에서 원자핵 반응에 따라 발생하는 것을 특별히 γ(감마)선이라고 부른다. γ선은 α선, β선, 중성자선 등과 함께 방사선이라고 한다.

COLUMN 14

원적외선의 효과

적외선 중에서도 긴 파장 부분은 가시광선 영역에서 멀다는 의미로 원적외선이라고 부른다. 가열한 돌은 원적외선을 방출한다고 알려져 있다. 파장이 긴 원적외선은 낮은 에너지여서 물체, 이를테면 구운 고구마의 속까지 파고들 수 없고 껍질을 태우는 선에서 그친다.

그래서 껍질은 수분을 잃고 바싹 구워지더라도 안은 껍질의 열이 전달되는 전도열에 의해 천천히 익는다. 그러는 사이에 고구마의 효소가 작용하여 전분, 맥아당과 포도당 등을 분해한다. 그래서 돌에 구운 고구마가 맛있는 것이다.

참나무 숯도 원적외선이 나오는 것으로 알려져 있다. 참숯에 고기나 생선을 구우면 껍질이 바삭바삭하고 안은 촉촉해진다.

7 색상, 채도, 명도

색상, 채도, 명도			
단위·기호	—	읽는 법	—
		의미	**색의 색조, 선명함, 밝기를 나타내는 정도**

의미·정의

단위와 기호 사전에서 단위가 없는 개념을 소개해도 될지 몹시 망설였지만, 색에 관해서만큼은 필요하다고 판단해서 추가했다.

장미나 네온사인은 모두 '붉은색'이지만, 네온사인의 붉은색은 네온사인 자체가 발광한 빛이다. 반면 장미는 발광하지 않는다. 장미가 빛을 흡수해서 발생한 것이다. 장미에 햇빛(백색광, 무색 빛)이 닿으면 그것이 반사되어 우리 눈에 들어온다. 장미가 붉은 것은 장미에 닿았을 때 백색광 일부가 장미에 흡수되고, 그 결과 남은 빛이 붉어진 것이다.

• 색상(색의 상태, 색조)

색상이란 색의 상태, 색조를 말한다. 위에서 보았듯 백색광은 무지개 일곱 빛깔의 집합이다. 이 빛에서 어느 빛을 제외하면 나머지 빛이 붉게 보일까? 붉은빛이 아니라는 것만은 확실하리라.

그림1은 색상환이다. 백색광으로부터 색상환에 나와 있는 임의의 색, 이를테면 A를 제외한 나머지 빛은 A의 반대, 즉 중심의 반대쪽에 있는 색깔인 B가 된다. 이 B를 A의 보색이라고 부른다. 마찬가지로 A는 B의 보색이다. 요컨대 장미꽃은 백색광으로부터 청록색 빛을 흡수한 것이다. 그 결과 남은 빛이 붉

그림1 – 반사광의 색과 색상

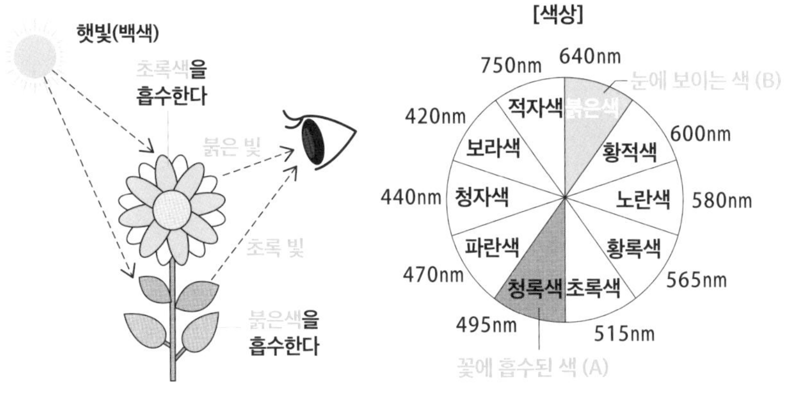

게 보이는 것이다.

이러한 원리로 나타난 빨간색, 파란색, 노란색 등을 색상이라고 부른다. 다만, 색상에는 순색과 혼색이 있다. 초록색은 파장으로 말하면 515㎚(순색)이지만, 노란색과 파란색을 섞어도 초록색(혼색)으로 보인다.

• 채도(선명도)

채도는 색채가 지닌 선명도를 나타낸다. 순색은 채도가 가장 높다. 반면 채도가 가장 낮은 색은 무채색, 즉 회색이다.

• 명도(밝기)

명도는 색채의 밝기를 나타낸다. 즉, 순색에 검은색을 섞었을 때의 색채 변화이다. 검은색의 비율이 높을수록 명도는 낮아진다.

단위 · 기호의 유래

색상, 채도, 명도에 일반적인 단위는 없다. 하지만 색채를 체계적으로 나타내려고 한 시도는 있었다. 대표적인 것이 오스트발트 색체계(Ostwald color system)와 먼셀의 색입체(Munsell Color Solid)이다.

• 오스트발트 색체계

색체를 '순색+흰색+검은색'으로 나타낸 것이 오스트발트 색체계이다. 그림2를 보면 오른쪽으로 갈수록 채도가 높고, 위로 갈수록 명도가 높아진다. 순색은 무채색이 섞이지 않은 색으로, 무채색이 섞이면 채도가 떨어진다. 그리고 검은색이 많으면 명도가 떨어지고, 흰색이 많으면 명도가 높아진다.

그림2 – 채도와 명도의 관계(오스트발트 색체계)

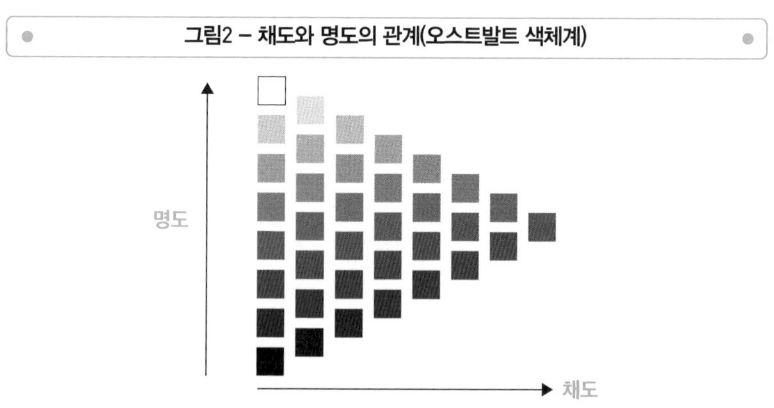

• 먼셀의 색입체

미국의 미술 교사였던 알버트 먼셀(Albert H. Munsell, 1858~1918)이 고안한 것이 먼셀의 색입체인데, 색채의 요소를 입체적으로 표현하고 있다. 미술 학원에 다닌 사람은 한 번쯤 본 적 있으리라.

색상: 그림3의 왼쪽과 같이 기본적인 색상 수는 10개이다. 그리고 각각을 다시 10등분 하고(1~10), 모든 색상수를 100으로 한다. 이를 원판으로 표시한다.

채도: 무채색을 중심으로 한 거리를 나타낸다. 즉, 중심은 채도가 0인 무채색이고 중심에서 멀어질수록 채도가 높아진다. 그러면 노란색처럼 채도가 높은 순색은 중심에서 아주 많이 떨어져 있고, 보라색처럼 채도가 낮은 순색은 중심 가까이에 있기 때문에 원판이 울퉁불퉁해진다.

그림3 – 먼셀의 색입체

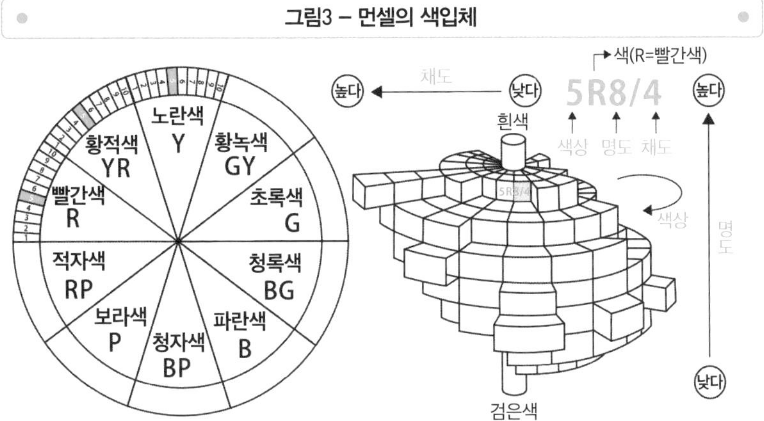

명도: 채도 원판을 명도를 바꿔 가며 여러 장 만들어, 명도 순서대로 여러 장을 겹쳐 입체적으로 만든다. 제일 아래는 검은색, 제일 위는 흰색이다. 이를 먼셀의 색입체라고 부른다. 그리고 그림과 같이 각 색채에 번호를 매긴다.

예제 **색상환을 만든 다음 지시에 따라 색칠한 물체의 중심에 막대기를 꽂아 팽이를 만들었을 때, 이 팽이를 빠른 속도로 돌리면 무슨 색깔로 보일까?**

정답 모든 빛이 겹쳐져서 무색(흰색)이 된다고 생각하기 쉬운데, 명도도 고려해야 한다. 즉, 유채색 부분은 무색으로 보이지만 무채색 부분 때문에 전체적으로는 회색으로 보인다.

쓰이는 분야

색채 표현은 미술, 옷, 디자인 등 모든 분야에서 중요한 표현 수단으로 쓰이고 있다. 하지만 색채를 엄밀히 특정하는 적당한 표현 수단은 사실상 없다.

실용적으로 쓰는 것은 먼셀의 색입체를 분해해서 각 색깔을 인쇄한 종이 묶음이다. 그리고 수식으로 표현하려는 시도 역시 있었다. 그것이 다음 페이지에 나오는 CIE 표현이다.

8 CIE 표색계

CIE 표색계			
단위·기호	—	읽는 법	—
		의미	**수학적으로 색채를 표시하는 지표**

의미·정의

색채를 수식으로 표현하려는 시도가 있었다. 그 일에 나선 것은 국제조명위원회 CIE(Commission Internationale de l'Eclairage)였다.

• CIE의 RGB 표색계

빛의 색은 빛의 삼원색이라고 하는 세 가지 색, 즉 빨강(R, 700㎚), 초록(G, 546.1㎚), 파랑(B, 435.8㎚)의 혼합으로 만들 수 있다. 그리고 이 삼원색을 섞는 비율을 숫자로 나타내면 색채를 나타낼 수 있다. 즉 빨강·초록·파랑의 각 비율을 r, g, b 계수로 정하고 임의의 색 C를 아래 식으로 나타낼 수 있다.

$$C=rR+gG+bB \quad (\text{단, } r+g+b=1.0)$$

r, g, b로 색을 나타내는 것이다. 이를 CIE의 RGB 표색계라고 한다.

• CIE의 XYZ 표색계

그런데 실제로 RGB 표시로 여러 가지 색채를 나타내 보니 시안(cyan, 밝은 파랑)과 마젠타(magenta, 붉은 자주색)를 표현할 수 없다는 것을 알았다. 그러니까 적어도 이 두 색은 RGB 혼색으로 만들 수 없다.

① XYZ 기본색

그래서 RGB 이외의 색을 기본색으로 쓰기로 했다. 이것이 XYZ이다. 단, XYZ는 실제로 존재하는 색이 아니다. RGB를 수학적으로 처리해 만든 가상의 색이다. 그래서 허색이라고도 부른다. XYZ는 다음과 같은 색이다.

X: 빨강의 양, 단 명도는 없다.

Y: 초록의 양, 이것만 유일하게 명도가 있다.

Z: 파랑의 양, 명도가 없다.

XYZ 표색계에서는 이 세 가지 색을 계수 x, y, z의 비율로 섞기로 하고, 임의의 색 C를 다음 식으로 나타낸다.

C=xX+yY+zZ (단, x+y+z=1.0)

② CIE 색도도

이 표시법으로 색채를 표시하려고 하면 좌표는 x, y, z 3개가 되어 입체가 되어 버리고 만다. 그래서 편의상 x, y 좌표만으로 된 2차원 평면으로 나타내

CIE 색도도(색채도)

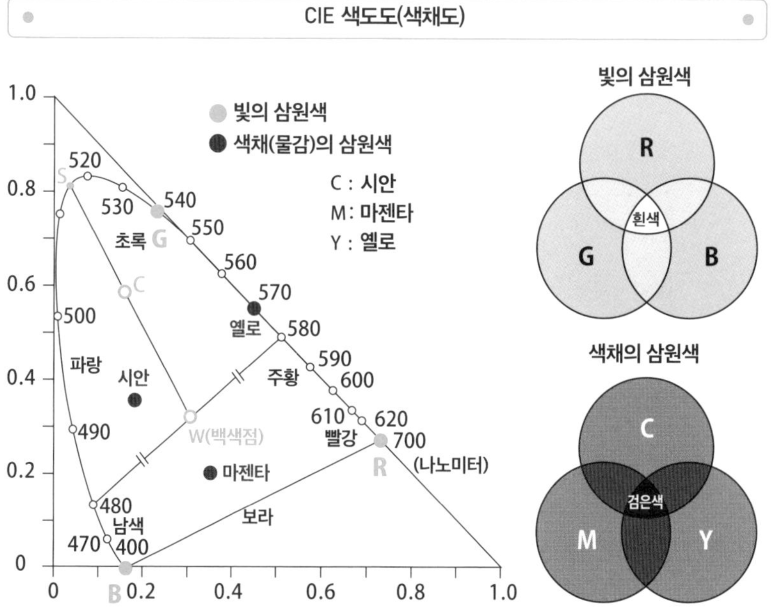

기로 한다. x, y, z의 합은 1.0이므로 z는 x, y를 알면 자동으로 알 수 있다.

이렇게 해서 만들어진 그림이 CIE 색도도다. 그림 속, 실제 빛의 색을 파장마다 삽입하면 요트 깃발같이 생긴 도형이 나타난다. 이를 스펙트럼 궤적이라고 한다. 보라색을 나타내는 범위가 유난히 넓은(긴) 것은 보라색을 만드는 빨간색과 남색의 파장이 거의 두 배 차이가 나기 때문이다.

그림의 점 W는 x=y=(z)=0.33이고, 세 가지 기본색이 똑같은 양으로 섞인 점이어서, 백색광에 해당하기에 백색점이라고 부른다.

③ 색의 표시

임의의 색채 C가 그림의 C에 있다고 가정해 보자. C와 W를 잇는 직선이 스펙트럼 궤적과 교차점 S의 파장(515㎚)을 색채 C의 주파장이라고 부른다. 주파장은 색채 C의 색상을 나타낸다.

또 직선 WC와 WS의 비, 즉 WC/WS를 자극 순도라고 부른다. 자극 순도는 수치가 크면 클수록 색채의 순도가 올라가는 것을 나타내고, 색채의 선명함을 나타낸다. 요컨대, 주파장과 자극 순도로 임의의 색채를 표시할 수 있다.

쓰이는 분야

CIE 색도도는 색채를 다루는 모든 분야에서 쓰인다. 색도도를 통해 알 수 있는 것은 다음과 같다.

- 스펙트럼 궤적 형태의 색채는 순색이고, 그것을 제외하면 전부 혼색이다.
- 두 점의 색채 혼색은 두 점을 잇는 직선상에 있다.
- 백색점 W를 지나는 직선상에서, 백색점으로부터 같은 거리에 있는 색채는 서로의 보색이다(그림에서 남색(480㎚)과 노란색(580㎚)은 서로의 보색).
- 그림에 색채의 삼원색인 옐로, 시안, 마젠타를 넣었다. 이것들은 빛의 삼원색 R, G, B에 비해 채도가 몹시 낮음을 알 수 있다.

제2부

특수한 세계의 단위와 기호

자연 양자 세계 주기율표 화학 공학 우주

CHAPTER

8

자연을 알 수 있는 단위와 기호

1 습도 [%]

습도			
단위 · 기호	% g/cm^3	읽는 법	퍼센트
		의미	공기 중에 존재하는 수증기량이 포화 수증기량에 점하는 비율

의미 · 정의

공기는 수증기를 포함할 수 있다. 최대한으로 포함했을 때의 양을 포화 수증기량이라고 한다. 포화 수증기량은 온도의 영향을 받는데, 고온에서 커진다. 포화 수증기량과 온도의 관계를 아래 그래프에 소개한다.

포화 수증기량과 온도의 관계

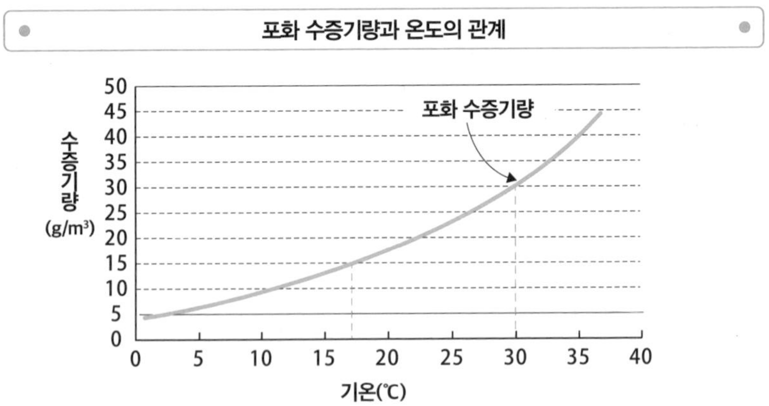

· 절대 습도

절대 습도는 공기 중에 몇 g의 수증기가 포함되어 있는지를 나타내며, 용량 절대 습도와 무게 절대 습도가 있다.

용량 절대 습도는 단위 부피의 공기 중에 포함되는 수증기를 무게로 나타낸 것으로, 단위는 g/㎤이다. 한편 무게 절대 습도는 단위 무게의 공기 중에 포함되는 수증기의 무게를 나타낸 것으로, 건조 공기의 질량에 대한 수증기의 질량의 비를 나타내고 있기 때문에 혼합비라고도 부른다. 국제적으로는 용량 절대 습도를 쓰는 나라가 많다.

• 상대 습도

우리가 일반적으로 말하는 습도는 상대 습도이다. 상대 습도는 어느 기온에서 포화 수증기에 대한 실제 공기 속 수증기압의 비율을 말하며, 백분율(퍼센트, %)로 표시한다.

상대 습도는 수증기압으로 정의하는데, 공기 중의 수증기량(무게)과 증기압은 거의 비례하기 때문에 실제로는 무게를 써서 계산해도 문제되지 않는다.

단위 · 기호의 유래

습도에 대한 사람들의 관심은 옛날부터 높았다. 중국에서는 기원전 150년 무렵에 쓴 《회남자(淮南子)》라는 백과사전을 보면 '깃털과 숯을 저울에 달아 방이 건조한지 습한지를 알아본다.'라는 기술이 있다. 숯은 구멍이 많이 나 있기 때문에 흡습성이 있어서 공기가 습하다면 숯이 수증기를 빨아들여 무거워지는 원리를 이용한, 일종의 습도계에 대한 기술이라고 볼 수 있다.

쓰이는 분야

습도는 사람이 잘 느끼는 만큼 다양한 분야에서 쓰이고 있다. 습도가 낮으면 빨래가 잘 마르므로 세탁하기 좋은 날이다. 반면 불이 나기 쉬워서 주의해야 한다. 또, 온도가 낮으면 감기 바이러스도 활동이 활발해져서 감기가 유행하기 쉽다. 감기 유행에는 상대 습도가 아니라 절대 습도가 큰 영향을 미친다는 주장도 있다. 습도가 높으면 공기 중을 떠도는 바이러스에 수증기가 붙고,

무거워진 바이러스가 바닥에 떨어지기 때문이다. 그렇다면 공기 중에 실제로 어느 정도의 수증기가 존재하는지가 문제가 되므로 상대 습도가 아닌 절대 습도가 영향을 준다는 생각이다.

예를 들어 겨울은 상대 습도가 높아도 포화 수증기량이 적어서 공기 중의 수증기량은 적고, 절대 습도도 낮다. 실제로 절대 습도와 감기의 발생률을 비교한 연구도 있어서, 상관관계를 엿볼 수 있다.

식중독 역시 습도와 관련 있는데, 상대 습도가 80%를 넘으면 식중독 발생률이 높아져 주의해야 한다.

예제 실내 온도 17℃와 30℃에서 상대 습도가 50%일 경우, 각각의 공기 1㎥ 중에 존재하는 수증기량을 구하시오.

정답 그래프를 보면 17℃, 30℃일 때 포화 수증기량이 각각 15g, 30g임을 알 수 있다. 그것의 50%이므로, 실제로 존재하는 수증기의 무게는 17℃일 때 7.5g, 30℃일 때 15g이다.

따라서 고온에서는 상대 습도가 낮아도 실제 수증기량은 많다는 사실을 알 수 있다. 독감 바이러스의 활동 정도는 수증기량에 반비례한다. 그렇기 때문에 독감이 무서운 기세를 떨치는 것은 절대 습도가 낮은 겨울이다.

관련 지식 〈바이러스는 생명체?〉

바이러스는 생명체일까, 아닐까. 이 질문에 많은 사람은 '생명체'라고 대답할 것이다. 생명체는 자신의 생명을 자기 힘으로 키워 나가고 자신의 형질을 다음 세대에 물려줄 수 있지만, 비생명체는 할 수 없다. 더 간단히 말하면 생명체란 세포막이 있는 물질, 비생명체는 세포막이 없는 물질이라고도 할 수 있다.

이 정의에 따르면 DNA를 가진 바이러스도 세포막이 없는 이상 '비생명체'인 셈이다.

2 기압 [atm]

기압		
단위·기호	atm hPa	읽는 법: 아톰, 헥토파스칼
		의미: 공기 압력의 정도

의미·정의

공기를 구성하는 산소와 질소 분자는 비행기에 버금가는 속도로 날아다닌다. 분자는 물체에 충돌하기도 한다. 그때 물체를 미는 힘이 기압(atm)이다. 기압을 측정하는 지표에는 몇 가지가 있다.

• 수은주밀리미터(mmHg)

한쪽 끝이 막힌 얇은 유리관을 수은으로 채운 다음, 수은을 담은 통에 거꾸로 세우면 유리관 속 수은이 내려가다가 높이 약 760㎜에서 멈춘다. 이는 관 안의 수은 무게와 통 속 수은을 미는 대기의 힘이 균형을 이루기 때문이다. 그래서 이 수은주의 높이로 기압을 나타낸 것이 수은주밀리미터(mmHg)이다.

1기압=1atm=760mmHg

• 토르(Torr)

이탈리아의 과학자 토리첼리(Evangelista Torricelli, 1608~1647)가 위의 실험을 최초로 했다. 그래서 수은주의 높이를 760Torr라 하고, 토르(Torr)를 기압의 단위로 삼았다.

1atm=760Torr

• 헥토파스칼(hPa)

수은주의 질량을 힘의 단위인 파스칼(Pa)로 고친 단위이다. 대기가 단위 면적 1㎡를 미는 힘을 생각해 보자.

수은의 비중은 13.5951이므로, 1기압에서 1㎥에 점하는 수은의 질량 m은 아래와 같다.

$$m=(0.76\times 1\text{m}^3)\times(13.5951\times 103\text{kg/m}^3)=1.033227\times 10^4\text{kg}$$

힘 F는 운동 방정식 F=ma(a는 가속도)로 구할 수 있다. 이 경우의 가속도는 중력 가속도 g=9.80665m/s^2이므로 아래와 같다.

$$F=1\text{atm}=(1.033227\times 10^4\text{kg})\times(9.80665\text{m/s}^2)$$
$$=1.01325\times 10^5\text{kg}\cdot\text{m/s}^2$$

여기서 단위 kg · m/s^2를 기압의 단위인 파스칼(Pa)로 바꾸면 1atm=1.01325Pa이 된다. 나아가 100을 나타내는 접두어 h(헥토)를 쓰면 아래와 같다.

1atm=1013.25hPa

즉, 1기압=1,013hPa(헥토파스칼)이 되는 것이다.

• mbar(밀리바)

바(bar)는 압력의 단위로, 1bar=10^5Pa이다. 그러니까, 1bar의 1,000분의 1인 1mbar는 10^2Pa이 되어, hPa과 같다. 요컨대 1atm=1,013hPa=1,013mbar이 되어서, 1기압=1,013밀리바가 되는 것이다.

단위 · 기호의 유래

파스칼(Pa)은 프랑스의 과학자 파스칼(Blaise Pascal, 1623~1662)의 이름에서 따왔다. 신기한 것은 헥토파스칼(hPa)이다. 왜 헥토를 붙이게 된 것일까? 과학적인 표현이면 Pa의 상위가 10^3배인 킬로파스칼(kPa)이 되어야 할 터인데 말이다.

여기에는 기상 관계자의 강한 희망이 반영되었다. 그전까지 밀리바를 써

왔는데 단위를 파스칼로 바꾸면 10만 1,300파스칼이라든지 101킬로 300파스칼이 된다. 하지만 hPa이라면 지금까지 써 왔듯 1,013이면 되었던 것이다.

쓰이는 분야

기압(대기가 누르는 힘)은 일상 기상 용어로 모든 곳에서 쓰이고 있다. 일기예보가 시작되면 기상캐스터는 먼저 기압 배치부터 설명한다. 그만큼 기압과 날씨는 깊은 관계가 있다. 겨울철 기압 배치인 서고동저는 이미 잘 알려져 있다.

태풍도 마찬가지다. 태풍의 눈은 기압이 낮다는 사실을 통해 태풍의 위력을 추정한다. 기압은 해수면 높이에도 영향을 준다. 저기압은 대기가 해수면을 미는 힘이 약해서 일어나므로, 그만큼 해수면이 올라와 높아진다. 태풍이 연안에 접근하면 해수면이 높아지고 범람할 위험이 있다. 만조 시간과 겹쳐지면 몹시 위험하다.

기압은 우리의 컨디션과 기분에도 영향을 준다. 우리는 기압의 힘에 눌려지고 있다. 당연히 기압의 힘에 쭈그러들지 않도록 몸속에서도 바깥쪽을 향해 부푸는 힘이 작용한다. 그런데 기압이 낮아지면 부풀게 하는 힘이 기압을 이겨 몸이 팽창한다. 요컨대 혈관이 팽창하면서 저혈압이 된다.

저혈압 때문에 움직임이 둔해지고 컨디션이 떨어졌다고 느끼는 것은 자연스럽다. 또 팽창한 혈관이 뇌를 누르면 편두통의 원인이 되며, 어깨 결림의 원인이 되기도 한다. 빨대로 음료수를 빨아 마시는 것도 사실은 기압이 있어서 가능한 일이고, 벽에 물체를 고정하는 흡착판도 마찬가지 원리이다. 또, 이불 압축 봉투도 봉투 안이 진공 상태가 되어 대기압이 누르기 때문에 이불 부피가 줄어드는 것이다.

3 진도

단위 · 기호	―	읽는 법	―
		의미	**지진의 강도를 나타내는 지표**

의미 · 정의

지진은 지하 깊은 곳에서 일어나는 지각 변동에 의해 생긴 진동이 지구 표면에 나타난 것을 말한다. 따라서 지진의 강도에 대해 말할 때는 두 종류의 의미가 있다.

하나는 지표가 얼마나 격하게 흔들렸는가에 있고, 또 하나는 지각 변동을 일으킨 힘이 얼마나 컸느냐에 있다.

그중에서 지표가 흔들리는 정도를 나타내는 지표가 **진도**이다. 진도는 민감한 사람이 겨우 느끼는 진도 1(미진)에서부터 30% 이상의 집이 무너지고 땅이 갈라지고 산사태가 일어나는 진도 7(격진)까지, 기상청이 감각적인 척도를 정해 두었다.

단위 · 기호의 유래

진도에는 특별한 기호가 없다. 강도에 따라 진도 1, 진도 2 등으로 표현한다.

쓰이는 분야

지진이 일어나면 뉴스 속보에서는 각 지역의 진도를 가장 먼저 알려 준다. 지진이 실생활에 미치는 영향을 직접 알려 주는 것이 진도이다.

매그니튜드 [*M*]

지진 규모

단위 · 기호		
M	읽는 법	매그니튜드
	의미	지진 규모를 나타내는 지표

의미 · 정의

지진의 흔들림, 즉 진도는 지진의 발생원(진앙)에서의 거리에 따라 변화한다. 진앙에 가까우면 격하게 흔들리고, 진앙으로부터 멀리 떨어져 있으면 별로 흔들리지 않는다. 즉, 지상에서의 지진의 크기와 그 에너지 *E*는 그리 큰 관련이 없다.

매그니튜드(*M*)라는 지표는 지진 에너지의 크기(단위는 '줄'), 정도를 나타내는 지표다. 사실 매그니튜드를 측정하기란 곤란하고, 각 나라의 사정 등에 따라 계산식이 조금씩 다르다. 한국을 비롯한 세계 여러 나라는 수정 메르칼리 진도 계급을 사용하고 있다.

그런데 일본에서는 기상청이 정한 '기상청 매그니튜드'를 쓰고 있다. 지진 에너지 *E*와 매그니튜드의 수치 *M* 사이에는, 다음과 같은 관계가 성립한다.

$$\log E = 1.5M + 4.8$$

(log의 밑은 10, 이하 동일)

이 식으로 알 수 있는 사실은 매그니튜드 *M*이 1 커지면 우변의 숫자가 1.5씩 증가하므로(1.5*M*이니까) 에너지는 $10^{1.5}$배, 약 2배 커진다는 것이다.

매그니튜드와 에너지

매그니튜드	$\log E$ *	E(에너지)	배율**
4	10.8	6.31×10^{10}J	1
5	12.3	2.00×10^{12}J	32배
6	13.8	6.31×10^{13}J	1,000배
7	15.3	2.00×10^{15}J	31,623배
8	16.8	6.31×10^{16}J	1,000,000배

①매그니튜드가 2 커지면 ②1,000배 커진다.

* $\log E = 1.5M + 4.8$로 계산
** 배율은 '매그니튜드 4'를 '1'로 한 경우

마찬가지로, 우변의 매그니튜드가 2만큼 커지면, $10^{1.5\times2}=10^3=1,000$배 커지게 된다. 또 매그니튜드가 3만큼 커지면 지진 에너지가 3만 2,000배, 4만큼 커지면 무려 100만 배나 커진다.

그보다 작게 보면 매그니튜드가 0.2 차이만 나도 $10^{1.5\times0.2}=10^{0.3}=2$, 즉 에너지가 두 배가 되는 것을 알 수 있다.

지진파의 진동

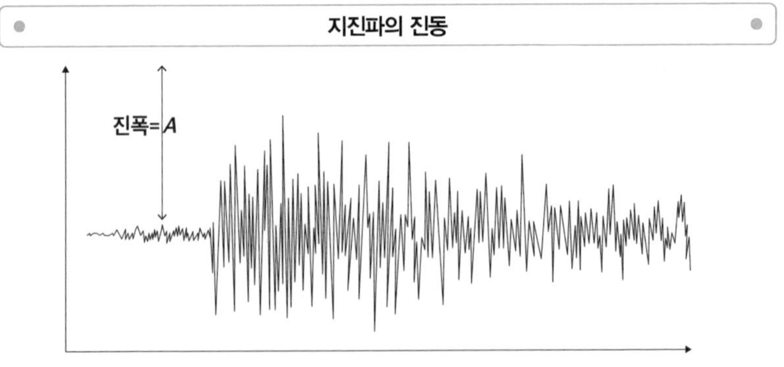

단위 · 기호의 유래

매그니튜드의 기호 M은 크기를 의미하는 영어 magnitude에서 유래했다.

매그니튜드를 최초로 고안한 사람은 미국의 물리학자 리히터(Charles Francis Richter, 1900~1985)였다. 그래서 영어권과 한국을 비롯한 여러 나라에서는 매그니튜드 대신 '리히터 규모'라고 부른다.

지진 에너지를 재려고 해도 이미 일어나 버린 지진 에너지를 지진이 끝난 후에 재는 것은 원리적으로 힘들다. 게다가 관측 수단이 없다. 지진을 예상하고 미리 관측기구를 파묻어 둔다거나 하는 것은 비현실적이다.

지진에 관한 정보를 주는 것에는 지진계가 있다. 흔들리는 정도는 지진계의 바늘이 움직이는 모습, 진폭 A가 알려 준다. 하지만 지진계가 감지하는 것은 진도다. 진앙으로부터의 거리 Δ의 영향을 받는다. 하지만 Δ는 떨어진 곳에 있는 최소 3개의 지진계를 이용하면 측정할 수 있다.

그래서 리히터가 생각해 낸 것이 아래 식이다.

$$M = \log A + 2.76 \log \Delta - 2.48$$

'다양한 매그니튜드가 있다'는 것은 이 계수와 상수를 조금씩 바꿀 수 있다는 의미이다.

쓰이는 분야

매그니튜드는 지각 변동의 크기를 알려 준다. 따라서 지각 변동 때문에 지진해일이 일어날 위험이 있는지 미리 예측할 수 있다.

매그니튜드는 이미 일어난 지진의 규모이다. 하지만 큰 지진이 지나간 후에는 수차례의 여진이 이어진다. 여진의 매그니튜드와 그 규모의 여진이 일어난 횟수와의 사이에는 상관관계가 있다. 이 관계를 이용하면 장차 여진의 횟수와 규모를 추정할 수 있을지도 모른다.

5 후지타 규모 [F]

후지타 규모			
단위·기호	F	읽는 법	——
		의미	**토네이도의 크기를 나타내는 지표**

의미 · 정의

한국이 매년 태풍 피해를 입듯, 미국 내륙에서는 매년 토네이도 때문에 고생이다. 토네이도는 거대한 공기의 소용돌이로, 집이며 자동차며 모든 것이 하늘로 빨려 올라갔다가 땅에 내동댕이쳐진다. 이렇게 심한 피해를 입으면서도, 조사단이 현장으로 달려가면 마치 거짓말처럼 하늘이 맑게 개어 있고, 무참히 망가진 쓰레기 산만 남아 토네이도가 지나간 게 분명하다는 것을 증명한다. 토네이도의 풍속도 기압도 측정하기 불가능하다.

후지타 규모(F) 또는 후지타-피어슨 스케일은 이러한 토네이도의 강도를 평가하기 위한 지표이다. 주로 건축물과 가로수 등의 피해 상황을 바탕으로 추정한다. 후지타 규모의 단계 구분은 피해 지역의 사진과 영상을 이용한 검증 이외에도 토네이도가 온 뒤에 지상에 형성된 소용돌이 모양의 패턴이나 기상 레이더의 정보, 목격자의 증언, 미디어 보도와 피해 영상 등을 바탕으로 결정한다.

후지타 규모는 F0~F5까지 총 6단계가 있고, 각 단계마다 추정 풍속이 표시되어 있다. 거기서 추정할 수 있는 최대 풍속은 초속 142m이다. 이를 시속으로 바꾸면 511㎞이다. 거대 토네이도의 위력이 얼마나 대단한지 실감 나는 대목이다.

단위 · 기호의 유래

후지타 규모는 당시 시카고 대학 교수였던 후지타 데쓰야(1920~1998)가 미국 국립폭풍우예보센터(National Severe Storms Forecast Center; NSSFC) 국장이었던 알렌 피어슨과 공동으로 제창한 것이다. 하지만 이 규모는 강한 토네이도의 풍속이 지나치게 강조되었다는 비판이 있었다. 그래서 1992년에 수정된 후지타 규모(EF0~EF5)가 발표되었고, 2007년에는 개량 후지타 규모가 발표되었다. 일본에서는 개량 후지타 규모를 일본의 실정에 맞게 수정한 일본판 개량 후지타 규모(JEF0~JEF5)를 쓰고 있다.

한국은 산지가 많아 토네이도가 많이 생기지는 않는다. 하지만 바다에서 토네이도의 일종인 용오름이 자주 생긴다.

후지타 규모의 기준(개량 후지타 규모)

단계	풍속	기준
JEF0	25~38m/s	• 간이 창고가 옆으로 쓰러짐 • 가로수 나뭇가지가 꺾임
JEF1	39~52m/s	• 경차가 뒤집힘 • 가로수(침엽수) 줄기가 부러짐
JEF2	53~66m/s	• 대형차가 뒤집힘 • 가로수(활엽수) 줄기가 부러짐
JEF3	67~80m/s	• 목조 주택이 넘어감
JEF4	81~94m/s	• 공장 등의 지붕이 날아감
JEF5	95m/s~	• 철골 조립식 주택이 넘어짐

쓰이는 분야

후지타 규모는 토네이도에만 적용되지 않는다. 예상할 수 없을 때 갑자기 일어나 큰 피해를 내는 태풍 재해로 다운버스트(downburst)가 있다. 비행장 등에서 잘 일어나는데, 이착륙 때 불안정한 상태에 있는 비행기를 돌발적으로 사고에 빠트리는 기상 현상이다.

이 다운버스트를 해석할 때도 후지타 규모가 도움이 된다.

6 반응 속도 [v]

화학 반응의 속도

단위·기호	읽는 법	브이
v mol/s	의미	화학 반응이 진행되는 속도

의미·정의

의외라고 생각할지도 모르지만, 화학 반응에도 속도가 있다. 예를 들어 빠른 반응의 대표는 '폭발 반응'이다. 또 철이 녹스는 것 역시 화학 반응 중 하나인데, 녹이 슬려면 상당한 시간이 걸리기 때문에 느린 반응의 대표라고 할 수 있다. 화학 반응의 속도를 **반응 속도(v)**라고 한다. 반응 속도는 mol/s를 단위로 쓴다.

구체적으로는 분자 A가 다른 분자 B로 변화하는 반응(A→B)이 있었을 경우, '단위 시간당 A 양의 감소분(혹은 B 양의 증가분)'을 속도라고 한다.

예제 1 반응 A→B에서, 처음에 1.0mol이었던 A가 10초 후에 0.8mol이 되었을 때, A의 감소 속도와 B의 생성 속도를 구하라.

정 답 **A의 감소 속도**: 10초 동안 A는 '1.0mol→0.8mol'로 변했으므로, 0.2mol 감소했다고 볼 수 있다. 따라서, 아래와 같다.

v=0.2mol/10s=0.02mol/s (A의 반응 속도는 0.02mol/s)

B의 생성 속도: 반응식을 보아, 감소한 A는 전부 B로 변했다고 생각할 수 있으므로, 10초 동안의 B의 생성량도 0.2mol, 즉 1초에 0.02mol이다.

따라서 A의 감소 속도와 B의 생성 속도 모두 0.02mol/s이다.

예제 2 반응 $2AB \rightarrow A_2+B_2$에서, 처음에 1.0mol이었던 AB가 10초 후에 0.8mol로 감소했다. AB의 감소 속도와 A_2의 증가 속도를 구하라.

정 답 '예제 1'과 똑같이 생각하면 된다.

AB의 감소 속도: 10초 동안 A는 '1.0mol→0.8mol'로 변화했으므로, 0.2mol 감소했다고 말할 수 있다. 따라서, 아래와 같다.

v=0.02mol/s (AB의 감소 속도는 0.02mol/s)

A_2의 증가 속도: 반응식을 봤을 때, 'AB 2몰에서 A_2 1몰이 생성된다'는 비례 관계에 있다. 따라서 10초 동안 생성된 A_2는 0.2mol이 아니라 0.1mol이다. 그러므로 1초에 0.01mol이라고 할 수 있다.

따라서 답은 아래와 같다.

A_2의 생성 속도=0.01mol/s (B_2의 생성 속도도 마찬가지)

단위 · 기호의 유래

112페이지에 소개했듯, 몰(mol)은 화학 물질의 양을 나타내는 단위이다.

쓰이는 분야

화학 공업에서 합성 반응에 걸리는 시간 계산에 사용한다. 또 반응 속도를 상세히 해석하면 반응 물질 에너지의 관계, 반응 물질의 형상 관계, 나아가 반응 도중에 나타나는 중간체의 성질 등 여러 가지 정보를 얻을 수 있다. 그래서 화학 반응의 이론적 해석에 있어서 반응 속도 정보는 절대 빼놓을 수 없는 존재이다.

7 반감기 [$t_{1/2}$]

반감기

단위 · 기호	읽는 법	——
s, d, y $t_{1/2}$	의미	**물질량이 최초 양의 절반이 되는 데 걸리는 시간**

의미 · 정의

반감기는 화학 반응과 원자핵 반응에서 잘 쓰인다. 반응 A→B에서 A는 시간이 지나면 B로 변화하므로, A의 양은 시간과 함께 감소한다. 그리고 언젠가는 A의 양이 첫 양의 절반이 된다. 그때까지 걸린 시간을 **반감기**($t_{1/2}$)라고 한다.

이 반응에서 A 양의 시간 변화는 다음 그래프와 같다.

1/2, 1/4, 1/8… 감소하는 반감기

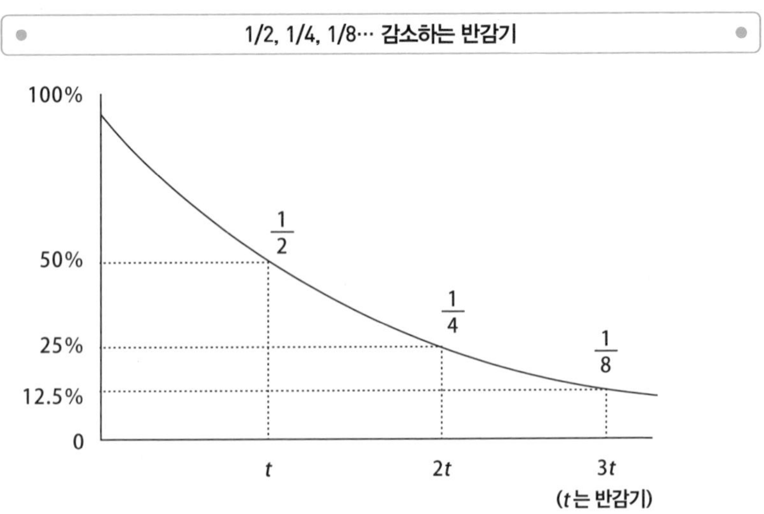

반감기에서 오해하기 쉬운 게 있는데, 바로 반응이 반감기의 2배의 시간이 지났을 때 'A의 양이 0이 된다'고 생각하는 것이다. $1-(1/2)\times 2=0$이 아니라, $(1/2)\times(1/2)=1/4$이 된다.

단위 · 기호의 유래

$t_{1/2}$에서 1/2은 절반을 의미한다.

쓰이는 분야

반감기는 방사성 물질의 남아 있는 양 계산에 사용된다. 이를테면 위험한 방사성 아이오딘 ^{131}I의 반감기는 8일이다. 그렇다는 것은 8일×4=32일 후(대략 한 달 후)에는 처음 양의 $(1/2)^4=1/16$이 되고, 88일 후(대략 세 달 후)에는 $(1/2)^{11}=1/2,048$로 거의 1/2,000이 된다. 이렇게 해서 마지막에는 무시할 수 있는 양이 된다.

다만, 같은 아이오딘이라도 ^{138}I의 반감기는 20.8시간이고, ^{238}U(우라늄)처럼 45억 년이나 되는 것처럼 다양하다.

COLUMN 15

반감기로 연대 측정을 할 수 있는 이유

반감기를 이용해 목조 작품의 제작 연대를 추정할 수 있다. 이를 연대 측정이라고 한다. 탄소 동위원소 ^{14}C가 β붕괴 해서 ^{14}N으로 변화하는 반응을 이용했다. 이 반응의 반감기는 5,730년이라고 한다. 원리는 다음과 같다.

나무는 살아 있는 동안 광합성으로 공기 중의 이산화탄소(CO_2)를 흡수해 섬유소를 만든다. 따라서 이 기간은 나무의 탄소를 점하는 ^{14}C의 비율이 공기 중

탄소 수치와 일치한다.

하지만 나무를 벌채해 목재로 만들면 광합성은 끝나 버린다. 즉, 공기 중으로부터 탄소를 공급받지 못하게 되는 것이다.

이렇게 되면 목재 속의 ^{14}C는 세월이 지나면서 점점 감소한다. 만약 처음 양의 절반이 되었다고 한다면 그것은 벌채된 뒤로 5,730년이 지났음을 의미한다. 따라서 그 목재로 만든 목조품은 5,730년 전보다는 새로운 물품이 되는 셈이다.

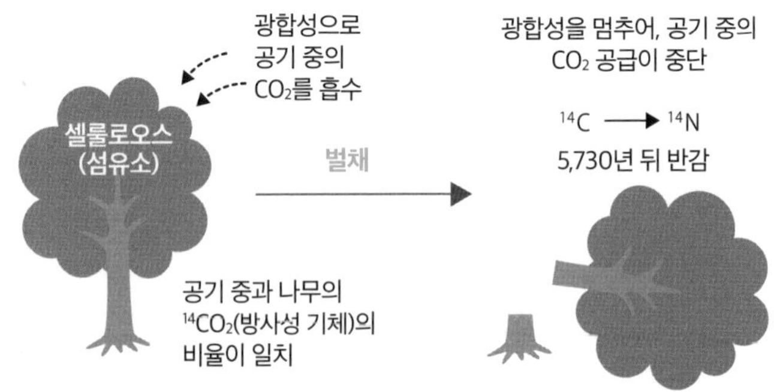

자, 여기까지 읽고, '과연 그렇겠구나!' 하고 생각한 사람도 있을 것이다. 언뜻 봐서는 합리적인 설명 같지만, 사실 이 설명에는 큰 오류가 있다. 즉, ^{14}N으로 변하는 것은 목재 속의 ^{14}C뿐 아니라 공기 중의 ^{14}C도 마찬가지라는 점이다. 따라서 이 설명을 올바르게 하려면 '공기 중의 ^{14}C 농도는 항상 변하지 않는다'라는 전제가 깔려 있어야 한다.

사실 이 전제 조건은 만족되어 있다. 우주선(cosmic ray)*이나 땅속 원자핵 붕괴에 의해 탄소 ^{14}C가 공급되어, 공기 중의 ^{14}C 농도가 늘 일정하게 유지되고 있기 때문이다.

* **우주선**: 우주에서 끊임없이 지구로 내려오는 매우 높은 에너지의 입자선을 통틀어 이르는 말.

제2부
특수한 세계의 단위와 기호

자연 양자 세계 주기율표 화학 공학 우주

CHAPTER
9

양자 세계의 단위와 기호

1 원자량 [Ar(E)]

원자량

단위·기호			
Ar(E) Aw	읽는 법	——
	의미	**원자의 질량을 나타내는 지표**

의미·정의

원자는 물질이므로 유한한 부피와 질량을 가지고 있다. 원자의 질량을 상대적으로 나타내는 지표를 원자량이라고 한다.

우선 탄소의 동위원소인 ^{12}C(186페이지 참조)의 상대 질량을 12로 정의한다. 다음으로 각 원자 동위원소의 상대 질량을 ^{12}C를 기준으로 측정한다. 그리고 각 원소를 구성하는 전 동위원소의 상대 질량 가중 평균을 내고 그것을 원자량(A_w)이라고 하는 것이다. 따라서 수소(H)와 같이 ^{1}H의 존재비가 압도적으로 큰 원소는 원자량이 거의 1(정확히는 1.008)이 된다. 하지만 브롬(Br)과 같이 두 종의 동위원소 ^{79}Br와 ^{81}Br가 거의 1:1로 존재하는 원소는 원자량이 양쪽의 중간인 약 80이 된다.

단위·기호의 유래

원자량의 기호는 영어 Atomic Weight의 머리글자를 따서 Aw로 쓸 때가 많은데, 정식 기호는 원소 기호를 E라고 하면 Ar(E)이다. 여기서 r은 상대를 뜻하는 relative에서 왔다.

원자량은 예전에는 산소 원자 O를 기준으로 측정했지만, 연구가 진행되면서 산소에는 질량수가 16인 ^{16}O와 질량수가 18인 ^{18}O가 있다는 사실이 밝혀졌다. 물리학회에서는 ^{16}O를 기준으로 하자고 정했지만, 화학회는 변경하지 않았고 자연계에 존재하는 양쪽의 혼합물을 기준으로 삼았다.

당연한 말이지만, 양 학회의 기준이 다르므로 모든 원자가 2개의 분자량을 가지게 된 셈이다. 그래서 1961년 양 학회가 협의하여 새롭게 '탄소 ^{12}C'를 기준으로 해서 원자량을 정했다.

쓰이는 분야

원자량은 분자량의 계산에 쓰이는데, 그것을 이용해 분자 혹은 물질 속에 존재하는 특정 원자의 양과 비율 등을 계산하고 있다.

COLUMN 16

원자량의 변동

원자량이란 '동위원소의 질량수를 가중 평균한 것'이다. 따라서 동위원소의 존재비가 바뀌면 원자량도 달라진다. 수소의 동위원소는 지구상에 ^{1}H, ^{2}H, ^{3}H로 총 세 종류밖에 없다. 하지만 우주에는 적어도 7종류의 동위원소가 존재한다고 한다. 어느 천체에는 ^{6}H나 ^{7}H가 존재할지도 모른다. 그곳에서는 가중 평균한 결과, H의 원자량이 지구상의 원자량(1.008)보다 클지도 모른다.

지구에서도 늘 원자핵 붕괴가 일어나, 동위원소의 조성이 변화하고 있다. 그래서 주기율표에 있는 원자량의 값은 한 해씩 걸러 갱신된다.

또 같은 원소라도 어디에 존재하는가에 따라 원자량이 다를 가능성이 있다. 이는 반대로 말하면 동위원소의 존재비를 자세히 검토하면 그 원자, 분자, 물질이 어디서 채취되었는지 알 수 있다는 뜻으로, 범죄 조사 때도 도움이 된다.

실제로 헬륨(He)의 원자량(지구상에서는 4.003)은 지구와 달에서의 값이 다르다고 알려져 있다. 달에서는 지구보다 적은 ^{3}He가 많이 존재하기 때문이다.

2 분자량 [M_w]

분자량

단위·기호		
M_w	읽는 법	——
	의미	**분자의 무게를 나타내는 지표**

의미 · 정의

원자에 무게가 있듯이 원자가 결합해서 생긴 분자에도 무게가 있다. 분자를 구성하는 모든 원자의 원자량 총합을 분자량(M_w)이라고 한다. 분자량을 알기 위해서 구체적인 예제를 풀어 보자.

예제 1 물(H_2O)의 분자량을 구하라. 단, 원자량은 H=1, O=16이라고 한다.

정 답 분자를 구성하는 원자의 종류와 그 개수를 나타낸 식(기호)을 분자식이라고 한다. 물 분자식은 H_2O이다. 이는 물 분자가 2개의 수소 원자 H(원자량 1)와 1개의 산소 원자 O(원자량 16)로 이루어져 있음을 나타낸다. 따라서 물의 분자량은 약 $1\times2+16=18$이다.

예제 2 물(H_2O)의 질량(무게)에서 차지하고 있는 수소 질량의 비율을 구하라. 단, 원자량은 H=1, O=16이라고 한다.

정 답 물의 분자량은 예제 1 에서 18이라는 것을 알았다. 그중에서 수소 원자가 점하는 원자량은 H_2에서 $1\times2=2$이고, 전체적으로 차지하는 비율은 $2\div18=0.11111\cdots$, 약 11%이다. 즉, 물 무게의 1할 이상은 수소 원자의 무게인 셈이다. 수소라고 하면 수소 가스를 떠올려서 자기도 모르게 가볍다고 생각하기 쉬운데, 물 무게의 1할 이상이 수소의 무게라는 사실을 알면 수소를 다시 보게 되지 않을까.

예제 3 **공기의 분자량을 구하라.**

정 답 공기는 순수 물질이 아니기 때문에 분자량을 정의할 수 없다. 하지만 질소 N_2(분자량=28)와 산소 O_2(분자량=32)의 부피비가 4:1인 혼합물로 그 평균 분자량을 구하면 편하다. 공기의 평균 분자량은 아래와 같다.

$$(28\times4+32)\div5=28.8$$

단위 · 기호의 유래

분자량의 기호 *M*w는 Molecular Weight의 머리글자에서 따왔다.

쓰이는 분야

분자량은 분자의 무게이므로 다양한 방면에서 쓰일 수 있다. 예를 들어 기체 1몰은 분자의 종류에 상관없이 같은 부피를 지닌다. 이는 기체의 무게가 분자량에 비례함을 의미한다. 메탄(CH_4)의 분자량은 16으로, 공기 28.8보다 가볍다. 한편 프로판(C_3H_8)은 44로 공기보다 무겁다.

즉, 부엌에서 도시가스(메탄)가 새어 나왔을 경우, 그 가스는 천장에 머문다. 하지만 프로판가스가 샜을 경우, 바닥에 머문다. 한편, 지구상에 존재하는 기체 중에 가장 가벼운 것은 분자량 2인 수소 가스(H_2)이며, 그다음이 원자량 4인 헬륨 가스(He)이다.

3 플랑크 상수 [*h*]

플랑크 상수, 디랙 상수

단위·기호	읽는 법	에이치, 에이치바
$h, \hbar$	의미	빛과 에너지를 결합하는 상수

의미·정의

전자파인 빛은 파장 λ(람다)와 진동수 ν(뉴)를 가진다. 빛은 에너지 E를 가지지만, 그 에너지는 아래 식과 같이 진동수에 비례한다. 하지만 진동수와 파장의 곱은 광속 c가 되므로(c=λν), 에너지는 파장에 반비례하기도 한다.

$$E = h\nu = \frac{hc}{\lambda}$$

이 식에서 비례 상수인 h를 **플랑크 상수(*h*)**라고 한다. 플랑크 상수는 아래와 같다.

$h=6.626070040(81)\times10^{-34}(\mathrm{J\cdot s})$

이 값은 **양자론에서 에너지의 최소 단위**이기도 하다.

SI 단위계 중에서 유일하게 질량만 킬로그램 원기라는 인공적인 물질에 의존하고 있다(다른 6가지 SI 단위계는 전부 보편적인 정의).

단위·기호의 유래

플랑크 상수라는 단어는 독일의 과학자이자 1918년에 노벨 물리학상을 받은 막스 플랑크(Max Planck, 1858~1947)가 만든 상수여서 그의 이름을 붙였다. 기호가 h인 것은 플랑크가 쓴 논문 속에서 이 상수를 Hilfsgröße(Hilfs=보조,

größe=양, 크기)라고 불렀기 때문이다.

쓰이는 분야

빛은 전자파이다. 햇빛을 프리즘에 비추면, 우리가 잘 아는 무지개 일곱 빛깔로 나누어진다. 빛의 색은 빛의 파장과 밀접한 관련이 있는데, 보라색 빛(파장이 짧은)은 붉은색 빛(파장이 긴)보다 높은 에너지이다.

이러한 빛은 '사람의 눈이라는 센서'로 탐지할 수 있는 파장 범위에 들어 있는 전자파이다. 그런데 햇빛에 포함되는 빛(전자파)은 이것만 있는 게 아니다. 보라색 빛보다 더 파장이 짧은 자외선, 붉은색 빛보다 더 파장이 긴 자외선이 있다.

원자와 원자핵을 내보내는 전자파에는 자외선보다 더 파장이 짧고 에너지가 높은 X선과 γ(감마)선이 있다. 이러한 에너지는 전부 플랑크 상수 h를 매개로 하여 E=hν로 나타낼 수 있다.

관련 지식 〈디랙 상수〉

양자 역학의 계산에서는 플랑크 상수를 원주율 π의 배로 나눈 양 h/2π도 잘 쓰인다. 이 값을 기호 ℏ(에이치바)로 나타내서, 디랙 상수, 혹은 환산 플랑크 상수라고 부른다.

$$\hbar = \frac{h}{2\pi}$$

한편, 디랙 상수는 아래와 같다.

$\hbar = 1.054571800(13) \times 10^{-34} \mathrm{J \cdot s}$

디랙 상수라는 명칭은 영국의 과학자 폴 디랙(Paul Dirac, 1902~1984)의 이름에서 따왔다.

4 플랑크 길이 [ℓ_P]

플랑크 길이			
단위 · 기호	ℓ_P	읽는 법	——
		의미	**물리적으로 측정 가능한 가장 짧은 거리**

의미 · 정의

플랑크 길이(ℓ_P)는 다음의 길이를 가리킨다.

$$1\ell_P = 1.616228 \times 10^{-35} \text{m}$$

이 길이는 양자론에서 어떤 의미로는 '극소의 길이'로 여겨지고 있다. 양자론에서 생각하는 물질의 극한 입자인 소립자의 크기는 이것을 기준으로 한다.

단위 · 기호의 유래

이 길이를 제창한 사람은 막스 플랑크(Max Planck, 1858~1947)였다. 그는 물리학에서 쓰는 다양한 단위가 사람의 발 길이(피트)나 지구의 크기, 혹은 별 하나에 지나지 않는 지구의 자전과 공전에 의해 결정되는 것이 부자연스럽다는 의문을 가졌다.

그 결과 그는 사람의 경험에 의존하지 않는 척도의 기준을 세우자는 과학적 야망을 키웠다. 그리하여 만든 것이 플랑크 단위계라는 체계였다.

플랑크 단위계에는 시간(플랑크 시간), 길이(플랑크 길이), 무게(플랑크 질량), 전하(플랑크 전하), 온도(플랑크 온도)가 있고, 나아가 이것들을 조합한 각종 플랑크 단위가 있다.

5 플랑크 시간 [t_P]

플랑크 시간

단위·기호			
	t_P	읽는 법	——
		의미	**광자가 플랑크 길이를 이동하는 시간**

의미·정의

플랑크 시간(t_P)은 플랑크 길이와 진공 중의 광속에 따라 아래 식으로 나타낼 수 있다.

$$t_P = \sqrt{\frac{\hbar G}{c^5}} = 5.39116\ (13)\ \times 10^{-44}\,\mathrm{s}$$

여기서 $\hbar$는 디랙 상수(167페이지 참조: $\hbar$=1.054571800(13)×10^{-34}J·s), G는 만유인력 상수(G=6.67408×$10^{-11}\mathrm{m^3kg^{-1}s^{-2}}$), c는 진공에서의 광속이다. 이 식에 따라 1초는 약 1.855×$10^{43}t_P$가 된다.

한편, 플랑크 시간이란 다음과 같이 정의할 수 있다.

광자가 광속으로 플랑크 길이를 이동하는 데 걸리는 시간.

빅뱅이 일어난 후 $1t_P$ 이내의 시기를 플랑크 시대라고 한다. 따라서 플랑크 길이는 이 시대 끝의 우주 크기라고 할 수 있다.

양자 역학과 불확정성 원리의 관계상, 플랑크 시간이 측정할 수 있는 최소의 시간이라고 생각할 수 있다. 그래서 플랑크 시간을 물리 현상의 최소 시간 단위이며, 물리적으로 어떤 의미가 있고 잴 수 있는 최소 시간이라고 볼 수 있다.

6 보어 반지름 [a_0]

보어 반지름

단위·기호			
a_0	읽는 법	——
	의미	**양자론 확립 이전에 제창되었던 수소 원자 반지름**

의미 · 정의

양자 역학을 바탕으로 한 원자 구조론이 등장하기 이전에도 원자는 (+) 전하를 가진 원자핵과 (−) 전하를 가진 전자로 이루어져 있다는 사실은 알고 있었다. 나가오카 한타로(1865~1950) 등은 정전하를 지닌 무거운 구체(원자핵)의 주위를 부전하를 띠는 전자가 돌고 있다는, 토성형 원자 모델을 주장했다.

하지만 문제는 (+) 전하와 (−) 전하가 가까이에 있으면 정전인력 때문에 서로 끌어당겨, 원자핵과 전자가 서로 합체하고 말 것이라는 점이다. 그럼에도 불구하고, 왜 원자는 원자핵과 전자가 떨어진 채 안정적으로 존재하는지, 그것이 큰 의문이었다.

이 문제를 획기적으로 해결한 것은 덴마크의 과학자 닐스 보어(Niels Bohr, 1885~1962)가 제출한 보어 모델이었다. 이 원자 모델은 원자의 중심에 (+)로 전하된 원자핵이 있고, 전자는 그 주위를 원 궤도를 그리며 돌고 있다는 내용이었다. 이 모델 자체는 보어 이외에도 제출한 사람이 있었지만, 보어 모델의 획기적인 점은 다음과 같은 가설이었다.

요컨대 전자의 각운동량 mvr(m: 전자 질량, v: 전자 속도, r: 궤도 반지름)은 디랙 상수 $\hbar$의 정수배 $n\hbar$에 제한한다는 것이었다.

$$mvr = n\hbar = \frac{nh}{2\pi}$$

양자 역학이 등장하기 이전에, 이 가설이 성립하는 이론 배경은 없었다. 즉, 보어의 번뜩이는 영감에 의해 도입된 것이었다. 하지만, 아무튼 이 가설을 도입한 원자 구조론은 실험 사실과 잘 맞아떨어졌다. 이 사실이 훗날 양자 역학, 양자 화학의 길을 열었다고 말해도 좋으리라.

이 가설을 바탕으로 구한 수소가 바닥상태일 때의 궤도 반지름이 보어 반지름(a_0)이며, 아래와 같다.

$1a_0 = 0.52917721067 \times 10^{-10}$m

수소의 반지름이 '보어 반지름'

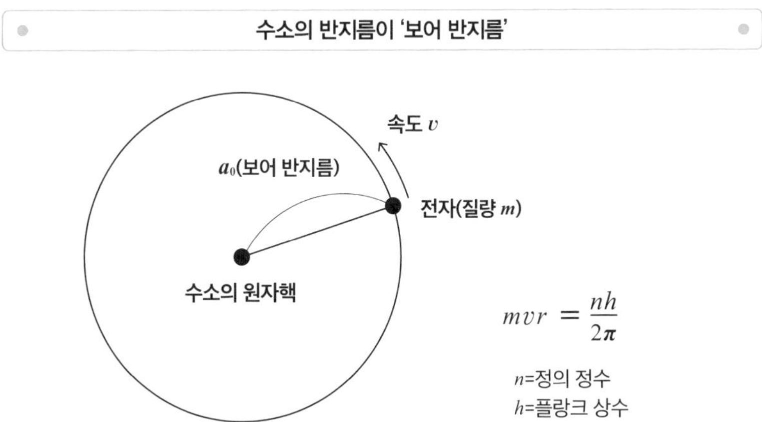

COLUMN 17

우라늄의 동위원소

우라늄에는 ^{235}U와 ^{238}U 동위원소가 있으며, 그 존재비는 전자가 0.7%이고 후자가 99.3%로 ^{238}U 동위원소가 압도적으로 많다. 그런데 원자로 연료로 쓰이는 것은 ^{235}U뿐이다. 그래서 우라늄을 기체 6불화우라늄 UF_6으로 하고, 원심 분리에 따라 ^{235}U를 농축해서 연료로 사용한다. 현재 우라늄 매장량으로는 100년 정도 채취할 수 있다고 하는데, 이는 ^{235}U만 썼을 경우의 계산이다.

그런데 고속 증식로는 연료로 쓰이지 않는 ^{238}U를 플루토늄 Pu의 동위원소 ^{239}Pu로 바꿀 수 있다. 그리고 ^{239}Pu는 원자로의 연료로 쓰인다. 요컨대 비연료인 ^{238}U를 연료로 변환할 수 있다는 이야기이다.

이 원자로가 실현된다면 우라늄의 가채 매장량은 단숨에 100배 이상 올라가, 1만 년 이상이 된다. 하지만 고속 증식로에는 냉각재(열매체)로 물을 쓸 수 없어서, 반응성이 높고 위험한 금속 나트륨(Na)을 쓰기 때문에 원자로 조작에는 세심한 주의가 필요하다.

일본의 고속 증식로 실험로인 '몬주'는 1995년, 나트륨 배관에 구멍이 뚫리는 바람에 고열의 나트륨이 누출되는 사고가 일어났고, 2016년에 폐로되었다.

우라늄은 바닷물 속에도 녹은 상태로 존재 가능하다. 이 우라늄을 초분자의 일종인 크라운에테르를 이용해 추출 채취하는 연구가 진행 중이다.

제2부

특수한 세계의 단위와 기호

자연 양자 세계 주기율표 화학 공학 우주

CHAPTER

10

주기율표에 나오는 단위와 기호

1 원소 기호 [H, He, Li, Be···]

원소 기호			
단위 · 기호	H, He, Li, Be···	읽는 법	수소, 헬륨, 리튬, 베릴륨···
		의미	원소를 지정하는 기호

의미 · 정의

원소 기호는 원소명의 머리글자 하나 내지 둘을 조합하여 만든다. 옛날에는 원소 명명에 규칙이 없었다. 부모가 자식 이름을 짓듯이, 새로운 원소를 발견한 과학자가 지명이나 인명, 신의 이름 등을 써서 자유롭게 지었다.

기본적으로는 지금도 마찬가지로, 발견자가 자신이 정한 이름을 국제순수응용화학연맹(IUPAC: International Union of Pure and Applied Chemistry)에 내서 허가받으면 그 이름으로 결정된다.

• 이름이 결정되지 않은 원소의 계통명

옛날 원소 발견 시대와는 달리, 현재의 새로운 원소는 전부 인공 원소이다. 그 합성은 많은 기관, 국가 사이의 경쟁이기 때문에 어느 나라가 가장 먼저 합성했는지 그 판정을 내리기가 곤란하다. 그래서 합성은 성공했는데도 정식 명칭이 정해지지 않은 원소가 있다. 그러한 원소에는 잠정적으로 계통명이 붙는다.

그 명명법은 원자 번호를 근거로 하는데, 숫자 읽는 방법은 다음 표에 표시해 둔 대로이다. 원소 기호는 각 '위'(100위, 10위, 1위)에 대응한 철자 머리글자를 하나씩 따서 나열한다. 그렇게 하면 원자 번호 113번인 원소는 우눈트륨

(Uut)이 된다. 다만, 나중에 정식 명칭이 정해졌을 경우, 이 잠정적인 이름은 폐기된다. 그래서 일본인이 발견한 Uut은 2016년 니호늄(Nh)이 되었다.

이름이 정해지지 않은 원소의 명명 규칙

숫자	100위, 10위	1위
0	닐(nil)	nilium
1	(un)	unium
2	(bi)	bium
3	(tri)	trium
4	(quad)	quadium

숫자	100위, 10위	1위
5	(pent)	pentium
6	(hex)	hexium
7	(sept)	septium
8	(oct)	octium
9	(enn)	ennium

· 원소명

이 책은 물리와 화학 교과서를 기준으로 읽는 법으로 표기했다. 다만, 사람이나 업계에 따라서도 읽는 방법은 달라진다. 구리를 '코퍼'라고 부르는 학자도 있고, 규소는 반도체 업계에서는 일반적으로 실리콘이라고 부른다. 같은 원소라도 호칭이 다양하다.

또한, 원자 번호 Z와 질량수 A를 나타낼 필요가 있을 때에는 각각 원소 기호의 왼쪽 아래, 왼쪽 위에 덧붙여서 표시한다(186페이지 참조).

지면 관계상 모든 원소를 다 소개할 수는 없지만, 원자 번호 1~50까지의 원소 기호, 이름, 그 유래를 간단히 알아보자.

H hydrogen 수소

그리스어로 '물을 생성하는 것'이라는 의미인 hydro에서 따왔다.

He helium 헬륨

햇빛 스펙트럼에서 발견했기 때문에 그리스어로 '태양신'을 의미하는 helios에서 이름을 따왔다.

Li lithium 리튬

광물 속에서 발견했기 때문에 그리스어로 암석을 의미하는 lithos에서 이름을 따왔다.

Be beryllium 베릴륨

에메랄드에서 발견했기 때문에 에메랄드의 광물명인 녹주석 베릴(Beryl)에서 이름을 따왔다.

B boron 붕소

붕사 borax와 탄소 carbon의 성질과 비슷해서, 두 단어를 조합해 boron이라고 지었다. 붕소라는 명칭은 붕소를 포함한 광물인 붕사에서 유래했다.

C carbon 탄소

라틴어로 목탄을 뜻하는 단어, carbo에서 따왔다.

N nitrogen 질소

초석을 뜻하는 라틴어 nitrum과 생성을 뜻하는 그리스어 gennao를 이용해 지은 nitrogene에서 유래한 이름이다.

O oxygen 산소

발견자가 '산소는 산의 원질'이라고 잘못 생각하는 바람에 그리스어로 산을 의미하는 oxys로부터 이름 붙였다.

F fluorine 플루오르

형석에서 발견되었기 때문에 영어명 fluorite에서 따와 이름 붙였다. 라틴어로 '흐르다'라는 뜻을 가진 fluere에서 유래했다는 설도 있다.

Ne neon 네온

'새롭다'를 의미하는 그리스어 neos에서 유래했다.

Na sodium 소디움(독어명 나트륨)

나트륨이 단리(혼합물에서 하나의 원소나 물질을 순수한 형태로 분리하는 일)된 광물인 탄산나트륨의 라틴어명 natron에서 유래하였다. '소다'라고도 부른다.

Mg magnesium 마그네슘

마그네슘을 포함한 광물을 그리스 북부 마그네시아 지방에서 채취한 데서 유래한다. 자석이 마그넷이라고 불리는 것도 역시 같은 이유다.

Al alminiumz 알루미늄

알루미늄이 함유된 소금인 백반의 그리스어명 alumen에서 유래했다.

Si silicon 규소

라틴어로 부싯돌을 의미하는 silex에서 유래하였다. 규소는 한자로 珪素라고 쓰는데, 여기서 규(珪)는 상서로운 보석이라는 의미가 있다. 규소는 실리콘이라고도 부른다.

P phosphorus 인

'불을 초래하는 물질'을 의미하는 그리스어 phosphoros에서 유래하였다. '인'이라고 부르는 것은 인이 발화하는 모습을 보고 옛날 사람들이 도깨비불(燐: 인)이라고 생각했기 때문이다.

S sulfur 유황

'불의 근원'을 의미하는 라틴어 sulpur에서 따왔다. 유황이라는 단어는 따뜻한 온천물 속에 있는 황금색 물질이라고 하여 이름 붙인 것이다.

Cl chlorine 염소

염소의 기체가 황록색이어서, 황록색을 뜻하는 라틴어 chlorus에서 따왔다. 염소라는 명칭은 우다가와 요안이 네덜란드어 zoutstof(염소)로부터 이름 붙인 것이라고 한다.

Ar argon 아르곤

다른 원소와 반응하지 않는 불활성 기체이기 때문에 라틴어로 '작용하다'를 의미하는 ergon에 부정어 an이 붙어 만들어진 말이다. 작용하지 않는 원소라는 뜻이다.

K potassium 칼륨

칼륨은 재거름에서 채취할 수 있기 때문에 아랍어로 재를 의미하는 kaljan에서 유래하였다.

Ca calcium 칼슘

칼슘을 채취할 수 있는 석회암의 라틴어명 calx에서 따왔다.

Sc scandium 스칸듐

원소를 포함하는 광석이 발견된 남부 스칸디나비아반도의 라틴어명 scandia에서 유래했다.

Ti titanium 티탄

그리스 신화에 나오는 거인족 타이탄을 본떠 이름 붙였다.

V vanadium 바나듐

스웨덴에서 발견되었기 때문에, 북유럽 신화 속 미의 여신 vanadis에서 유래했다.

Cr chromium 크롬

붉은색 광물인 홍연광에서 발견되었기 때문에, 그리스어로 색채를 의미하는 chroma에서 본떠 이름 붙였다.

Mn manganese 망간

망간이 발견된 연망간석은 로마 시대, 유리의 청록색을 지우기 위해 쓰였기 때문에 정화를 의미하는 그리스어 manganizo에서 유래했다.

Fe iron 철

아이언은 영어명이다. 원소 기호는 철을 의미하는 라틴어 ferrum로부터 이름 붙였다. 이 철과 다음에 나오는 코발트, 니켈은 강자성을 띠는 것으로 유명하다.

Co cobalt 코발트

코발트는 광석에서 골라내기 힘든 광물이어서 옛날 독일에서는 지하에 사는 요정이 짓궂은 짓을 하고 있다고 생각했다. 그래서 그리스어로 산에 사는 괴물을 의미하는 kobalos에서 이름을 본떴다.

Ni nickel 니켈

니켈을 함유한 광물인 니콜라이트는 구리 광석과 비슷하다. 하지만 이 광석에서는 구리를 채취할 수 없다. 그래서 옛날 광부들은 이 광석을 '악마의 구리(Kupfevnickel)'라고 불렀고, 여기에서 니켈이라는 이름이 유래했다.

Cu copper 구리

구리 산지로 유명한 키프로스섬의 라틴어명 cuprum에서 유래했다. 그대로 '쿠퍼'라고 부르는 사람도 많다.

Zn zinc 아연

용광로 안에서 생성되는 아연 결정이 마치 포크 끝처럼 뾰족하게 튀어나왔다고 해서, 뾰족한 물체라는 의미의 독일어 zinke에서 유래하였다. 아연이라는 이름은 이 금속의 성질이 납과 비슷해서 지어진 것이다. 또한, '아(亞)'에는 '다음'이라는 의미가 있는데, 화학 물질에는 '아', '차아(次亞)', '과(過)' 등의 글자가 붙는 물질이 많이 있다. 이 명명 규칙에 대해서는 189페이지 칼럼을 참고하기 바란다.

Ga gallium 갈륨

발견자 르코크 드 부아보드랑(Émile Lecoq de Boisbaudran, 1838~1912)의 모국 프랑스의 옛 이름 gallia에서 유래한 이름이다. 부아보드랑은 그밖에도 현재의 자석 개발에 빼놓을 수 없는 사마륨, 디스프로슘를 발견했다.

Ge germanium 게르마늄

발견자 클레멘스 빙클러(Clemens Alexander Winkler, 1838~1904)의 모국인 독일의 옛 이름 germania에서 유래했다.

As arsenic 비소

비소의 동소체 중 하나가 노란색이어서, 그리스어로 노란색(석황)을 의미하는 arsenikon에서 유래한 이름이다. 비소라는 이름은 옛날부터 독극물로 알려진 비석에서 따왔다.

Se selenium 셀렌

발견한 당시에는 원자 번호 52(Z=52)인 원소와 헷갈려, 지구를 의미하는 라틴어 tellus에서 따와 텔루르라고 불렀다. 그런데 나중에 원자 번호 34인 새 원소라는 사실이 밝혀지면서, 지구의 위성인 달의 라틴어 selene에서 이름을 본떴다.

Br bromine 브롬

자극적인 악취를 가진 원소이다. 그래서 그런 의미가 담긴 그리스어 bromos에서 이름을 따왔다.

Kr krypton 크립톤

액체 공기의 분류에 따른 발견이 어렵기 때문에, 그리스어로 '숨겨진 물질'을 의미하는 kriptos에서 유래했다.

Rb rubidium 루비듐

진홍색 스펙트럼선을 발광한다고 해서 '빨강'을 의미하는 라틴어 rubidus에서 유래했다.

Sr strontium 스트론튬

스코틀랜드의 스트론티안 지방에서 채취되는 스트론티아나이트에서 발견되었다고 하여 지어진 이름이다.

Y yttrium 이트륨

스웨덴의 이테르비(Ytterby)라는 광산 마을의 광석에서 발견되었다고 하여, 이 마을의 이름을 본떠 이름 붙였다.

Zr zirconium 지르코늄

지르콘(풍신자석)이라는 귀석에서 발견되어, 그 이름에서 유래했다.

Nb niobium 니오브

영국 박물관이 보관하는 광석에서 원자 번호 73인 원소가 발견되어, 그리스 신화에 나오는 왕 탄탈로스의 이름을 본떠 탄탈(Ta)이라고 이름 지었다. 그 후 같은 광석에서 원자 번호 41인 새로운 원소가 발견되어서, 이번에는 탄탈로스의 딸인 niobe의 이름을 가져와 이름 붙였다.

Mo molybdenum 몰리브덴

당시 몰리브데나(molybdena)라고 부르던 광물에서 발견되어서 지은 이름이다. 몰리브데나는 그리스어로 납을 의미하는 molybdos에서 유래했다.

Tc technetium 테크네튬

자연계에는 존재하지 않고 인공적으로 만들었기 때문에 인공을 의미하는 그리스어 techotes에서 유래했다.

Ru ruthenium 루테늄

러시아의 화학자가 발견해서 러시아의 라틴어명인 ruthenia에서 유래했다.

Rh rhodium 로듐

백금 광석을 녹인 장밋빛 용액에서 발견되었다고 하여 '장밋빛'의 라틴어 rodeos에서 유래했다.

Pd palladium 팔라듐

팔라듐을 발견하기 전 해에 소행성이 발견되어, 그리스 신화의 여신 pallas(아테나의 별명)을 본떠 소행성의 이름을 팔라스라고 지은 데에서 유래한다.

Ag silver 은

원소명 silver는 영어이다. 원소 기호 Ag는 '빛나다'라는 의미의 그리스어 argyros를 본뜬 것이다.

Cd cadmium 카드뮴

광석 아연화(산화아연)에서 발견되었기 때문에 그 라틴어명인 cadmia에서 이름 붙였다.

In indium 인듐

발광 스펙트럼이 남색(인디고)인 데에서 이름 붙였다.

Sn tin 주석

tin은 영어명이다. 원소 기호는 주석을 나타내는 라틴어 stanum을 본떠 이름 붙였다. 액정과 유기 발광 다이오드에 들어가는 투명 전극(ITO: Indium Tin Oxide) 등에 쓰인다.

2 전자 [e], 원자핵 [N], 양성자 [p]

전자, 원자핵, 양성자			
단위·기호	e, N, p	읽는 법	일렉트론, 뉴클리어스, 프로톤
		의미	원자를 구성하는 입자

의미 · 정의

원자는 구름으로 된 공 같은 것이다. 중심에는 밀도가 높은 원자핵이라는 입자가 있고, 그 주위를 전자라는 입자로 된 전자구름이 감싸고 있다.

· 원자를 구성하는 입자

전자(e)

질량은 무시할 수 있을 만큼 작은 입자인데, 1단위의 (–) 전하를 가지고 있다. 수소 이외의 원자에는 복수의 전자가 존재하며, 전자구름을 구성한다. 화학 반응은 전자구름의 작용에 의한 것이다.

원자핵(N)

원자의 중심에 있는 고밀도 입자로 (+) 전하를 지니고 있다. 원자핵 반응도 일으킨다.

양성자(p)

중성자와 함께 원자핵을 구성하는 입자이다. 1단위의 (+) 전하와 질량수 1에 해당하는 질량을 지니고 있다.

중성자(n)

중성자는 양성자와 함께 원자핵을 구성하는 입자이다. 질량수는 양성자와 같지만, 전하는 없어서 전기적으로 중성이다.

• 원자와 원자핵의 크기

원자는 수소처럼 작은 것부터 우라늄처럼 큰 것까지 다양한 종류가 존재한다. 그 지름은 대략 10^{-10}m, 즉 0.1㎚이다. 만약 원자를 확대해서 탁구공 크기로 만들었다고 가정하면, 같은 확대율로 원래의 탁구공을 확대하면 지구만 한 크기가 될 것이다.

원자핵의 지름은 대략 10^{-14}m이다. 이는 원자핵 지름을 1㎝라고 할 때 원자 지름이 10^4㎝, 즉 100m나 됨을 의미한다. 직감적으로 말하면 원자의 크기를 고척 스카이돔 2개를 합친 거대 보리빵이라고 가정할 때, 원자핵은 투수 마운드로 굴러가는 유리구슬 정도로 비유할 수 있다. 다른 입자를 원자핵에 맞히기가 얼마나 어려운지 실감할 수 있다.

단위 · 기호의 유래

원자핵을 나타내는 기호 N은 영어 nucleus, 전자 e는 electron, 양성자 p는 proton, 중성자 n은 neutron의 머리글자를 딴 것이다.

쓰이는 분야

전자를 다루는 공학, 그 제품을 전자 공학, 전자 기기 등으로 말하듯 전자라는 이름은 폭넓게 쓰이고 있다. 일반적으로 발전, 송전 등 전기와 관련된 부문을 강전(强電), 전자를 다루는 부문을 약전(弱電)이라고 말하기도 한다.

화학 반응은 원자와 분자의 반응인데, 두 경우 모두 반응에 관여하는 것은 전자뿐이고 원자핵은 관여하지 않는다. 요컨대 일반 화학은 '전자의 과학'이라고 말할 수 있다.

3 원자 번호 [Z]

원자 번호, 질량수

단위·기호	읽는 법	제트, 에이
Z, A	의미	원자핵을 구성하는 양성자와 중성자의 개수

의미·정의

원자 번호는 원자, 원소를 특정할 경우의 기본적인 수이다.

• 원자 번호(Z)

원자핵을 구성하는 양성자의 개수를 원자 번호라고 하며, 기호 Z로 표시한다. 원자와 원소에는 원소 기호가 부여되는데, 원자 번호는 원소 기호의 왼쪽 아래에 작게 써서(첨자) 표시한다.

(예) ${}_{1}H$(수소, 원자 번호=1) / ${}_{6}C$(탄소, 원자 번호=6) / ${}_{92}U$(우라늄, 원자 번호=92)

• 질량수(A)=양성자+중성자

원자핵을 구성하는 '양성자와 중성자의 개수의 합'을 질량수(핵자수)라고 하며, 기호 A로 나타낸다. 질량수는 원소 기호의 왼쪽 위에 첨자로 쓴다. 따라서 정식으로 쓸 때에는 원소 기호의 왼쪽 위에 질량수 A, 왼쪽 아래에 원자 번호 Z를 표시해야 한다.

그런데 원소 기호를 알면 주기율표에 원자 번호가 나와 있으므로 대부분의 경우에는 원자 번호(Z)를 생략하고 ${}^{1}H$(일반 수소: 경수소), ${}^{2}H$(중수소, 기호 D), ${}^{3}H$(삼중수소, 기호 T) 와 같이 질량수만 원소 기호 왼쪽 위에 표시한다.

원소 기호 표시 방법

단위 · 기호의 유래

원자 번호의 기호 Z는 독일어로 '번호, 순서'를 나타내는 수사 zahl에서 따왔다. 러시아의 화학자 멘델레예프(Dmitri Mendeleev, 1834~1907)가 그때까지 알려진 원소를 표로 정리해 주기율표의 전신을 마련했을 때, 원자에 매긴 숫자가 원자 번호의 시초라고 한다.

그 후 원자 구조, 특히 전자 배치가 분명하게 밝혀지자, 원자 번호는 전자가 가진 전자수와 일치한다는 사실을 알게 되었고, 나아가 원자핵의 구조가 밝혀지면서 원자 번호는 양성자수와 일치한다는 사실이 드러났다.

쓰이는 분야

원자 번호(Z)는 원자 및 거기에서 파생한 이온, 분자, 라디칼 등의 성질에 밀접한 관련이 있다. 이를테면 원자는 원자 번호와 같은 개수의 전자를 가진다. 그 결과 원자핵의 전하는 $+Z$, 전자구름의 전하는 $-Z$가 되고, 서로 상쇄하기 때문에 원자는 전기적으로 중성이 된다.

• 이온

전기적으로 중성인 원자 Z에서 전자가 하나 방출되면 원자 전체의 전하는 원자핵의 전하가 많아진 결과 +1이 된다. 이러한 물질을 A^+라고 쓰며, A의 1가 양이온이라고 부른다. 반대로 A에 전자가 1개 추가되면 전자구름의 전하가 많아지고, 전하는 −1이 된다. 이를 A^-라고 쓰며, A의 1가 음이온이라고 부른다.

• 동위원소

질량수가 중요한 의미를 지니는 것은 **동위원소**이다. 즉, 원자 번호가 같아도(양성자수가 같아도), 중성자수가 다른(질량수가 다른) 원자가 존재하는 것이다. 앞에서 소개한 ^{1}H, ^{2}H, ^{3}H 등이 전형적인 예이다. 이처럼 원자 번호는 같아도 질량수가 다른 원자를 서로의 동위원소라고 부른다. 모든 원자는 동위원소가 있다.

수소로 예를 들면 ^{1}H, ^{2}H, ^{3}H가 있는 것처럼 지구상에는 세 종류의 동위원소가 있는데, 그 동위체의 비율을 존재비라고 부른다. 많은 원소는 각 동위원소의 존재비가 크게 다르다.

다양한 원소의 동위체

원소명	수소			탄소		염소		우라늄	
기호	^{1}H (H)	^{2}H (D)	^{3}H (T)	^{12}C	^{13}C	^{35}Cl	^{37}Cl	^{235}U	^{238}U
양성자 수	1	1	1	6	6	17	17	92	92
중성자 수	0	1	2	6	7	18	20	143	146
존재비%	99.98	0.015	—	98.89	1.11	75.53	24.47	0.72	99.28

• 원소: 원자 번호가 같은 것

원자 번호가 같은 원자 집단을 '원소'라고 한다. 따라서 '수소 원소'라고 말했을 경우에는 ^{1}H, ^{2}H, ^{3}H 전부를 일컫는 것이다.

예제 원자 번호 92인 우라늄 ^{235}U에 포함될 수 있는 양성자, 중성자, 전자의 개수는 각각 몇 개인가?

정답 양성자 수=전자 수=원자 번호이다. 우라늄의 원자 번호는 92라고 되어 있으므로, 양성자 수 92개, 전자 수 92개이다. 중성자 수는 원자 번호−양성자 수이므로, 235−92=143(개)이다.

COLUMN 18

아(亞), 차아(次亞), 과(過)의 명명 규칙

화학에서는 물질의 이름 앞에 '아', '차아' 혹은 '과' 등이 붙을 때가 있다. 여기에는 명명 규칙이 있다. 모르면 통째로 외울 수밖에 없지만, 명명 규칙을 알면 그 물질의 성질도 유추할 수 있고 응용할 수도 있다. 이 기회에 익혀 두자.

황산(H_2SO_4)을 예로 들면, 원래 황산보다 산소가 하나 적은 경우($O_4 \rightarrow O_3$)에 다음과 같이 '아'를 붙인다.

황산(H_2SO_4) → 아황산(H_2SO_3)

그밖에 '차아', '과'를 붙이는 규칙은 다음과 같다.

- 산소가 1개 적을 경우…'아'
- 산소가 2개 적을 경우…'차아'
- 산소가 1개 많을 경우…'과'

염소산을 기준으로 구체적인 예를 아래에 소개한다.

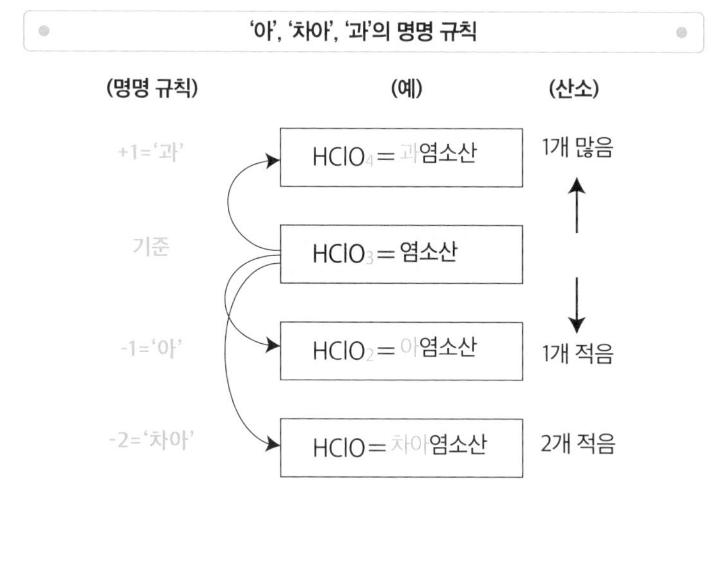

전자껍질 [K, L, M, N…]

전자껍질

단위·기호	읽는 법	케이, 엘, 엠, 엔…
K, L, M, N…	의미	원자핵 주변에서 전자가 운동하는 궤도

의미·정의

원자에 속하는 전자는 단순히 원자핵 근처에 모여 있는 것이 아니다. 각 전자는 저마다 정해진 궤도에서 운동하고 있다. 이 궤도를 **전자껍질**이라고 부른다.

전자껍질은 공 모양을 띠고 있는데, 원자핵 주위에 몇 층이나 겹쳐져 있다. 각 전자껍질에는 이름이 있다. 원자핵에 가까운 안쪽부터 순서대로 **K껍질, L껍질, M껍질** 등 알파벳 K부터 붙여 나간다. 각 전자껍질에는 K껍질(1), L껍질(2), M껍질(3) 등 양자수라고 하는 정수가 붙는데, 전자껍질의 성질은 이 양자수에 따라 규정된다. 각 전자껍질에는 수납할 수 있는 전자의 최대 개수가 정해져 있는데, K껍질 2개, L껍질 8개, M껍질 18개이다. 양자수를 n이라고 하면, $2n^2$개로 계산할 수 있다.

전자껍질의 반지름은 양자수의 제곱에 비례해서 커진다. 또 각 전자껍질은 고유의 에너지를 가지고 있는데, 원자핵에 가까운 K껍질이 제일 크고 양자수의 제곱에 반비례해서 작아지다가 이윽고 0에 모이게 된다.

단위·기호의 유래

사실 알파벳을 사용해 전자껍질에 이름을 단다면 제일 작은 전자껍질부터 순서대로 A껍질, B껍질…일 것 같지만, 제일 처음이 K껍질이다. 그 이유는

전자껍질(K~N)과 반지름

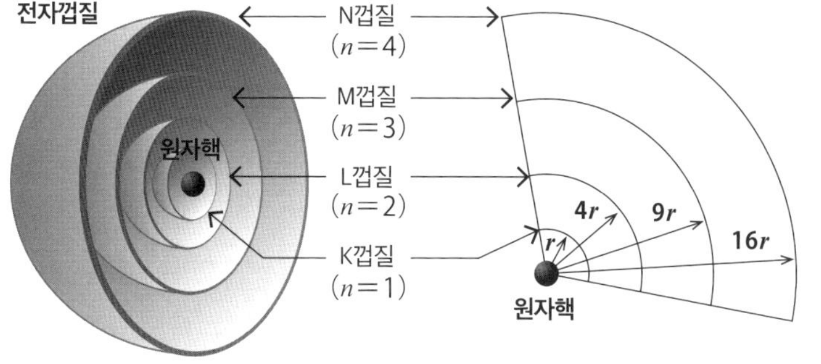

최초로 발견한 화학자가 그것을 최소 전자껍질이라는 것을 확인할 수 없었기 때문이라고 한다. 만약 이것을 A껍질이라고 정했다면 나중에 그보다 더 작은 전자껍질을 발견하면 이름 짓기가 곤란해진다. 그러한 배려로 알파벳의 거의 중간인 K부터 이름을 지어 나가기 시작했던 것이다.

쓰이는 분야

전자가 어느 전자껍질에 어떤 상태로 수납되어 있는지를 나타낸 것을 전자 배치라고 한다. 주기율표는 이 전자 배치를 충실히 반영하고 있다.

즉, 주기율표에는 가로로 1족~18족까지 나열한 족과 세로로 제1주기에서 제7주기까지 나열한 주기가 있는데, 이 주기의 숫자는 원자가 가진 최대 전자껍질(최외껍질)의 양자수와 일치한다.

또 족의 숫자는 최외껍질에 들어가는 전자(가전자)의 개수를 반영하고 있다. 가전자는 원자의 성질과 화학 반응성을 지배하는 중요한 전자다.

5 전자 궤도 [s, p, d, f]

전자 궤도

단위 · 기호			
s, p, d, f	읽는 법	에스, 피, 디, 에프
	의미	전자껍질을 세세하게 나눈 것

의미 · 정의

앞에서 다룬 전자껍질은 더 세세하게 나누어진다. 그것이 **궤도**이다. 궤도에는 **s궤도, p궤도, d궤도, f궤도** 등 여러 가지 종류가 있다. 그 대표로 K껍질 속의 s궤도, L껍질 속의 s궤도, p궤도(세 종류)를 소개한다. 아래 그림을 봐도 알 수 있듯, 각각 고유의 형태를 띠고 있다.

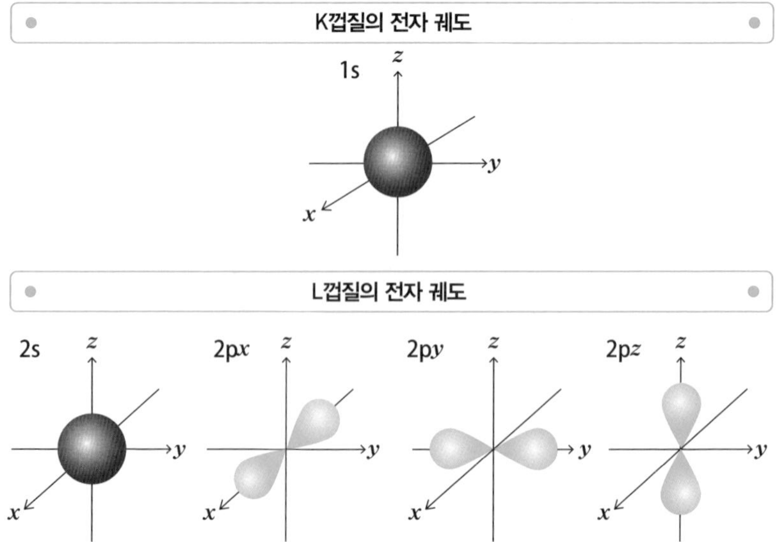

요컨대 s궤도는 공 모양이고, p궤도는 공 두 개를 이어 붙인 아령 모양이다. p궤도는 3개가 한 세트인데, 각각의 차이는 아령의 방향이 세 축의 어느 방향을 향하고 있느냐이다.

여기에는 표시하지 않았지만 그밖에 d궤도는 5개가 한 세트인데, 전자구름이 세 축 위에 있는 것 2개와 축 사이에 있는 것 3개로 되어 있다.

각각의 전자껍질이 소유하는 궤도는 K껍질이 s궤도 1개, L껍질이 s궤도 1개와 p궤도 3개(1세트), M껍질은 s궤도 1개, p궤도 3개와 d궤도 5개(1세트)로 되어 있다.

전자껍질과 마찬가지로 궤도도 고유의 에너지가 있는데, 그것은 같은 전자껍질에 속한 궤도라면 s<p<d…의 순서로 높아진다.

각 궤도가 수용할 수 있는 전자의 개수는 일률적으로 2개로 정해져 있다. 이 결과, 각 전자껍질의 수용 정원은 192페이지에서 본 수납 가능한 최대 전자 개수와 일치한다. 전자가 어느 궤도에 있는지는 전자 배치의 중요한 점으로, 이 모습에 따라 원자의 성질, 반응성 등이 결정된다.

단위·기호의 유래

s, p, d, f라는 궤도 이름은 원자가 방출하는 빛의 스펙트럼에 의해 정해졌다. 스펙트럼에는 sharp, principal, diffuse, fundamental 등이 있다. 여기서 머리글자를 따서 s, p, d, f 궤도로 부르게 된 것이다.

나아가 이보다 고에너지의 궤도는 알파벳 순사대로 g, h…궤도라고 부른다. 하지만 현재까지, 실제로 관측된 최고 에너지의 궤도는 f궤도이다.

또 예컨대 s궤도는 K, L, M… 모든 전자껍질에 존재하기 때문에 그것을 구별하기 위해 그 궤도가 속한 전자껍질의 양자수를 붙여서 L껍질의 s궤도는 1s궤도, M껍질은 2s궤도 등으로 이름 붙였다.

쓰이는 분야

수소 원자는 2개의 원자가 서로 1s궤도를 겹쳐, 새롭게 2개의 원자핵 주위를 도는 분자 궤도를 만들고 거기에 총 2개의 전자를 수용해 수소 분자를 만들었다. 이러한 결합을 공유 결합이라고 한다.

관련 지식 〈전자와 전자구름〉

이 책에서 '전자는 입자다'라고 했다. 그러면서 한편으로는 전자구름이라는 단어도 썼다. 구름이라고 표현할 만큼 전자는 구름처럼 부연 인상이 있다. 왜 입자가 구름이 되는 것일까?

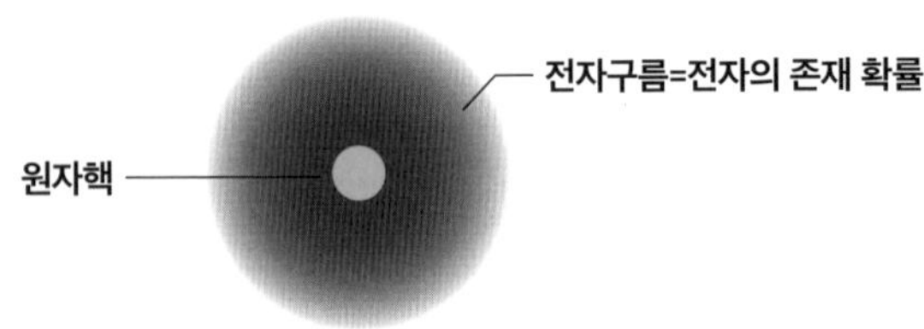

양자 역학의 기본 원리 중에 '하이젠베르크의 불확실성 원리'가 있다. 이것은 '위치와 에너지를 동시에 정확하게' 결정하는 것은 불가능하다는 내용이다.

L껍질이나 p궤도 전자라고 하면 전자의 에너지를 정확하게 지정하는 것을 의미한다. 이 결과, 전자의 위치를 정확하게 특정 짓기란 불가능하다.

즉, 전자의 위치는 '여기에 있을 확률이 몇 %'라는 존재 확률로밖에 나타낼 수 없다. 이 존재 확률의 대소를 도식화한 것이 전자구름이다.

전자구름이 진한 곳에는 전자가 존재할 확률이 높고, 전자구름이 옅은 곳은 전자가 존재할 확률이 낮다.

CHAPTER

11

화학적 성질을 알려 주는 단위와 기호

1 결합선 [ㅡ = ≡]

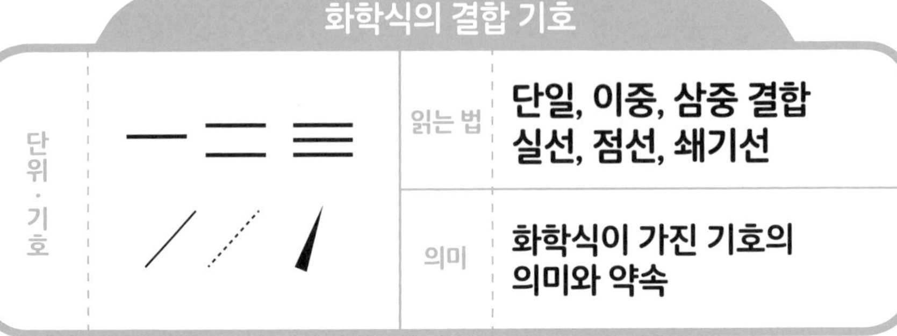

의미 · 정의

화학에는 독특한 기호와 약속이 있다. 일단 그것이 뭔지 알고 나면 '이게 뭐야' 하고 허무한 생각이 들지만, 모르는 상태에서는 도통 뭐가 뭔지 이해할 수 없다.

그럼 지금부터 기본적인 기호의 의미를 살펴보자.

· 결합수

원자는 서로 결합할 수 있다. 그래서 원자는 **결합수**라는, 결합하기 위한 일종의 손을 가지고 있다. 원자는 다른 원자와 손을 잡음으로써 결합한다. 즉, 결합은 원자끼리 손을 잡는 행위로 '의인화'해서 이해할 수 있다.

그리고 이 결합을 나타내는 '—'을 **결합선**이라고 부른다. 손의 개수는 원자마다 다르다. 이를테면 수소 H는 하나밖에 없지만, 산소 O는 2개, 질소 N은 3개, 탄소 C는 4개 등이다.

- 원자가 서로 하나의 손을 잡고 있는 결합을 **단일 결합**이라고 하며, 기호 '—'로 나타낸다. H—H가 전형적인 예이다.
- 원자가 서로 두 개의 손을 잡고 있는 결합을 **이중 결합**이라고 하며, 기호 '='로 나타낸다. O=O가 전형적인 예이다.

- 원자가 서로 세 개의 손을 잡고 있는 결합을 삼중 결합이라고 하며, 기호 '≡'으로 나타낸다. N≡N이 전형적인 예이다.

• 결합의 방향

탄소는 네 개의 손을 가지고 있어서 네 개의 원자와 결합할 수 있다. 하지만 탄소가 가진 네 개의 손은 하나의 평면상에 나열되어 있는 것이 아니다. 마치 바닷가에 있는 테트라포드처럼 정사면체의 꼭지점 방향으로 나와 있다. 요컨대 입체적인 셈이다. 이 결합 방향을 나타내는 데에는 다음 그림과 같은 표시법을 쓴다.

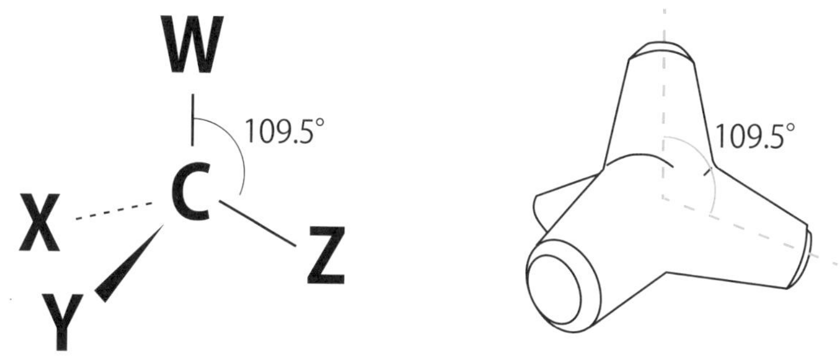

위의 그림에서 탄소 화합물의 입체적인 형태(오른쪽 그림의 방파제)를 왼쪽 세 종류의 선으로 표현한다.

- 실선 ——: 결합은 지면 위에 있는 것을 나타낸다.
- 점선 -----: 결합이 지면 뒤쪽으로 이어진다.
- 쐐기선 ◀: 지면에서 앞쪽으로 튀어나온다.

이렇게 약속되어 있다. 이렇게 왼쪽 그림을 보고 오른쪽 그림을 떠올릴 수 있다면 기호화한 목적은 달성되는 셈이다.

109.5°라는 각도는 정사면체 네 꼭지점 방향의 각도인데, 수학적으로 밝힌 것이다.

2 반응식의 화살표 [→, ⇄]

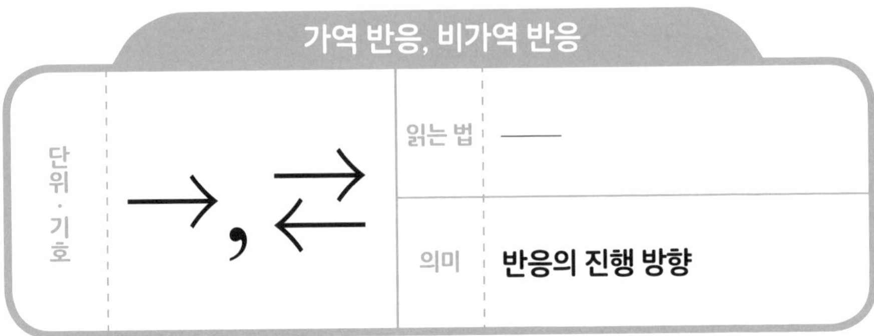

의미 · 정의

· 화살표 기호 →, ⇄

화합물 A가 B로 변화하는 현상을 화학식 'A→B'로 나타낸다. 이 경우 화살표는 반응이 진행되는 방향이다. 즉, A가 B로 일방적으로 변한 것이다. 화학에서 자주 볼 수 있는 기호이다.

$2H_2+O_2 \rightarrow 2H_2O$

그런데 반응 중에는 A가 B로 변함과 동시에 B가 A로 변화하는(돌아오는) 반응도 있다. 이러한 반응에는,

오른쪽으로의 변화를 나타내는 →

왼쪽으로의 변화를 나타내는 ←

이 두 화살표를 위아래로 겹쳐서 'A⇄B'로 표시한다.

이렇게 반응이 양방향으로 진행되는 반응을 가역 반응이라고 한다. 반대로 A→B처럼 한쪽(일방적)으로만 진행되는 반응을 비가역 반응이라고 한다.

$HCl \rightleftarrows H^+ + Cl^-$

3 과부족 기호 [δ^+]

전자의 과부족		
단위·기호	+, − δ^+, δ^-	
	읽는 법	플러스, 마이너스, 델타플러스, 델타마이너스
	의미	전자의 과부족

의미·정의

• 부호 +, -

부호 +, −는 전자의 과부족을 나타낸다. 지금 원자 번호 6인 원자(탄소 C)를 생각해 보자. 이 원자의 원자핵은 6개의 양성자를 가지고 있으므로 +6으로 전하한 상태이다. 보통은 6개의 전자를 가지고 있고, 1개의 전자는 −1 전하를 지니고 있으므로 전자 전체적으로는 −6전하가 된다. 따라서 이 원자(탄소)는 원자핵과 전자의 전하가 ±6으로 균형을 이루는, 전기적으로 중성인 상태이다.

지금 이 탄소 원자(C)가 1개의 전자를 방출했다고 가정해 보자. 그러면 원자핵의 전하가 +1만큼 많아진다. 이 상태를 1가의 양이온이라고 하며, C^+로 표기한다. 만약 2개의 전자를 방출했을 경우에는 2가 양이온 C^{2+}가 된다.

반대로 탄소가 1개의 전자를 받아들인 경우, 1가 음이온 C^-, 2개의 전자를 받아들였다면 2가 음이온 C^{2-}가 된다.

• 델타 부호 δ^+, δ^-

δ^+, δ^-는 델타플러스, 델타마이너스라고 읽으며, 이것을 부분 전하라고 한다. 원자에는 산소 O처럼 전자를 끌어들이기 쉬운 것이 있는가 하면, 반대로

수소 H처럼 전자를 방출하기 쉬운 것도 있다. 물은 이러한 산소와 수소가 결합한 분자이다. 그러면 산소는 전자를 끌어들여 조금만 마이너스(−)로 전하하고, 반대로 수소는 전자를 빼앗기고 조금만 플러스(+)로 전하한다.

이처럼 조금만 플러스, 조금만 마이너스가 되는 상태를 δ^+, δ^-라는 기호로 표시하고, 앞에서 말했듯 부분 전하라고 부르는 것이다. 단, δ에 양적 의미는 없으므로 분자 내에 이 기호가 여러 개 있고, 심지어 δ^+, δ^-의 개수가 일치하지 않아도 아무 상관없다.

이렇게 분자 내에 +, − 부분이 있는 분자를 **이온성 분자**, 혹은 **극성 분자**라고 부른다. 또, 결합에 이런 이온성이 드러나는 것을 결합 분극이라고 한다. 물 분자는 전형적인 극성 분자라고 할 수 있다.

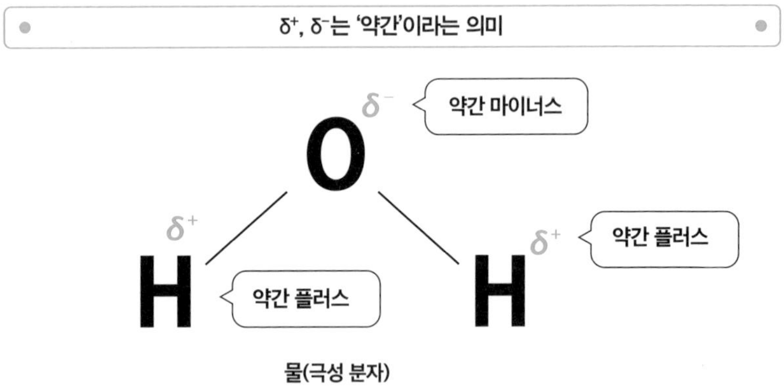

물(극성 분자)

4 수소 이온 지수 [pH]

수소 이온 지수

단위 · 기호			
	pH	읽는 법	피에이치(페하)
		의미	액체가 산성인지 염기성인지 알아내는 지표

의미 · 정의

용액 속의 수소 이온 H^+의 농도를 $[H^+]$ 기호로 표시하면, pH는 다음 식으로 계산할 수 있다.

$$pH=-\log[H^+]$$

물속에는 수소 이온 H^+와 수산화물 이온 OH^-가 존재하는데, H^+가 많은 상태를 산성, OH^-가 많은 상태를 염기성(알칼리성)이라고 한다.

그런데 물은 스스로 이온화해서 H^+와 OH^-를 만든다. 하지만 두 이온의 농도 곱(수소 이온 곱 K_W)은 온도가 일정하면 늘 변하지 않는다.

$$[H^+][OH^-]=K_W=10^{-14}(mol/L)^2$$

따라서 H^+와 OH^- 둘 중 하나의 농도를 알면 나머지는 자동으로 알 수 있다. 그래서 H^+ 쪽만 표시한 것이 수소 이온 지수(pH)다.

그런데 산성도 염기성도 아닌 중성 상태에서는 H^+와 OH^-의 농도가 똑같으므로, 아래와 같이 된다.

$$[H^+]=[OH^-]=\sqrt{10^{-14}}=10^{-7}(mol/L)$$
$$pH=-\log 10^{-7}=7$$

즉, 중성 상태는 pH=7인 것이다.

pH의 정의식에는 마이너스(−)가 붙어 있으므로 다음과 같이 말할 수 있다.

- pH의 값이 커진다: $[H^+]$가 작아져 염기성
- pH의 값이 작아진다: $[H^+]$가 커져서 산성

또, 정의식이 로그이므로 pH의 수치가 1 다르면 그 농도는 10배 달라진다는 것을 알 수 있다.

단위 · 기호의 유래

pH의 기호는 potential of hydrogen에서 유래했다. 영어로는 피에이치, 독일어로는 페하라고 읽는데, 한국에서는 두 가지 읽는 방법을 같이 사용한다.

쓰이는 분야

모든 용액은 산성, 중성, 염기성 중 하나로 분류되기 때문에 그 기준인 pH는 광범위한 분야에서 쓰이고 있다.

• 산성비

비는 공기 중에서 떨어지는 사이에 이산화탄소(CO_2)를 흡수한다. CO_2는 물과 반응해서 탄산(H_2CO_3)이라는 산이 되기 때문에, 지구상의 비는 언제 어디에서 내리든 항상 산성이고 그 pH는 대략 5.5 정도이다.

우리가 특히 '산성비'라고 부르는 것은 사실 pH 7을 기준으로 한 것이 아니라 pH가 5.5보다 낮은, 그러니까 '산성이 강한 비'를 가리킨다. 그 원인은 화석 연료 연소와 동반해 발생하는 질소산화물 NO_x(녹스)나 유황산화물 SO_x(속스)에 있다고 한다.

• 온천

온천의 원천은 지하수이므로, 지하 광물(미네랄)을 듬뿍 함유하고 있다. 따라서 산성도 있고 염기성도 있다. 피부에 좋다고 알려진 온천은 대개 염기성

이 강하다. 염기성이 강하면 피부 각질이 녹아 마치 비누로 씻은 것처럼 피부가 맨들맨들해지고 깨끗해진 것처럼 느껴지기 때문일 것이다.

• 수국

수국의 색깔은 알루미늄 이온 Al^{3+}에 의한 것이라고 한다. 산성이면 알루미늄이 녹기 쉬워서 꽃 색깔이 파랗고, 알칼리성이면 알루미늄이 잘 녹지 않아 붉은색이 된다.

COLUMN 19

산성 식품과 염기성 식품의 구분은?

식품에는 산성 식품과 염기성 식품이 있다. 신 매실 절임이나 레몬은 산성 식품을 대표한다고 생각하기 쉬운데 사실 그렇지 않다. 이것들은 염기성 식품이다. 그러면 식품의 산성, 염기성은 어떤 기준으로 결정되는 것일까?

어떤 식품이 산성인지, 염기성인지는 그 식품을 태우고 남은 것(재)을 물에 녹인 상태로 결정한다. 이는 식품을 먹고 체내에 대사가 끝난 후 발생하는 물질을 중시한 결과이다.

식물의 주성분은 셀룰로오스이므로 태우면 물과 이산화탄소가 되어 공기 중으로 날아가 버릴 것이다. 하지만 재가 남는다. 이 재는 미네랄, 그러니까 금속 산화물이다. 금속 산화물은 염기성(알칼리성) 물질이므로, 채소나 과일은 염기성 식품인 셈이다.

반면 고기나 생선은 단백질로 되어 있다. 단백질은 질소와 유황을 함유하고 있다. 이것들이 타면 질소산화물(NO_x)과 유황산화물(SO_x) 등 산성 물질이 된다. 그래서 고기나 생선은 산성 식품으로 분류되는 것이다.

5 산해리지수 [pK_a], 염기해리지수 [pK_b]

산해리지수·염기해리지수

단위·기호			
pK_a pK_b	읽는 법	피케이에이, 피케이비
	의미	산·염기의 강도를 나타내는 지표

의미 · 정의

분해(전리)해서 수소 이온 H^+를 내놓는 것을 일반적으로 산이라고 한다.

• 강산·약산

한마디로 뭉뚱그려 '산'이라고 했지만, 산에는 강한 산과 약한 산이 있다. 염산(HCl)처럼 강한 산인 경우, 대부분 완전히 분해되어 H^+와 Cl^-가 된다. 하지만 아세트산(CH_3COOH)처럼 약한 산일 경우, 거의 분해되지 않기 때문에 H^+를 소량밖에 내놓지 못한다.

$HA \rightleftarrows H^+ + A^-$ (반응 1)

$HCl \rightleftarrows H^+ + Cl^-$

$CH_3COOH \rightleftarrows H^+ + CH_3COO-$

간단히 말하면 염산의 경우 용액 속에 1만 개의 분자가 있으면 1만 개의 H^+가 있다. 하지만 아세트산의 경우는 1,000개 정도의 H^+밖에 없다. 따라서 산을 녹인 용액이 어느 정도의 강도를 지닌 산성이 될지는 산의 농도뿐 아니라 산의 강약에 따라서도 결정된다. 염기의 경우도 마찬가지다.

· 산해리상수

그래서 반응 1에 대해 다음 식 1을 정의한다. 이를 산해리상수(K_a)라고 부른다. K_a가 크면 HA는 분해되어 H^+와 A^-가 되기 쉬워져 결과적으로 H^+를 잘 내놓아 '강산'이 된다. 반대로 K_a가 작으면 H^+를 내놓기 어려워서 '약산'이 된다.

$$K_a = \frac{[H^+][A^-]}{[HA]}$$

그리고 pH의 경우와 마찬가지로 K_a의 로그에 마이너스를 붙인 것을 정의해서 이것을 산해리지수(pK_a)라고 부르기로 한 것이다. pK_a를 보는 방법은 pH 때와 똑같다. pK_a의 값이 크면 약산이고 값이 작으면 강산이다.

$$pK_a = -\log K_a$$

· 염기해리상수

산과 마찬가지로 염기에 대해서는 염기해리상수(K_b), 염기해리지수(pK_b)가 정의되어 있다. 즉 염기(BOH)에 대한 정의는 아래와 같다.

$$BOH \rightleftarrows B^+ + OH^-$$

$$K_b = \frac{[B^+][OH^-]}{[BOH]}$$

$$pK_b = -\log K_b$$

단위 · 기호의 유래

pK_a, pK_b는 potential의 머리글자이다. 그리고 첨자 a, b는 각각 산(acid), 염기(base)를 나타낸다. 피케이에이, 피케이비라고 읽는다.

6 이온화도 [α]

이온화도, 이온화상수

단위 · 기호	α, K_a	읽는 법	알파
		의미	전해질이 이온화되는 정도를 나타내는 지표

의미 · 정의

용해되어 이온을 생성하는 물질을 전해질이라고 한다. 전해질 AB는 다음 식과 같이 이온화된다.

$AB \rightleftarrows A^+ + B^-$ (반응식 1)

• 이온화도

1몰의 AB(처음 농도 $[AB]_0=1$)가 전리해서 α몰의 A^+와 B^-가 생성되었다고 가정해 보자($[A^+]=[B^-]=\alpha$). 이때 아래 식과 같이 분해한 AB의 비율, 즉 α를 이온화도라고 한다.

$$\frac{[A^+]}{[AB]_0} = \frac{[B^-]}{[AB]_0} = \alpha$$

전해질이 이온화되기 쉬운 정도를 나타내는 이온화도

산	이온화도(α)
HCL	0.92
HNO_3	0.92
H_2SO_4	0.61
CH_3COOH	0.013
H_2CO_3	0.0017

염기	이온화도(α)
KOH	0.91
NaOH	0.91
$Ca(OH)_2$	0.90
$Ba(OH)_2$	0.77
NH_3	0.013

염	이온화도(α)
KCl	0.85
NH_4Cl	0.84
CH_3COONa	0.79
K_2SO_4	0.72

이온화도 α는 전해질이 이온화되기 쉬운 정도를 나타내는 기준으로, α가 클수록 이온화되기 쉽다.

· 이온화상수

아래 그래프의 점선은 아세트산(CH_3COOH) 이온화도의 농도 변화를 나타낸 것이다. 농도에 따라 크게 변화(감소)하고 있음을 알 수 있다. 즉, 저농도에서는 이온화되기 쉽고 고농도에서는 이온화되기 어렵다.

이 사실을 봐도 알 수 있듯 다른 전해질의 이온화되기 쉬운 정도를 비교하기 위해서는 적어도 농도를 같게 만들지 않으면 아무런 의미가 없다. 또, 이온화도(α)는 비교 수단으로 절대 적합하지 않다. 그래서 고안해 낸 것이 이온화상수(K_a)이다. 이는 반응식 1의 평형 상수다.

$$K_a = \frac{[A^+]\,[B^-]}{[AB]}$$

그래프에 아세트산의 이온화상수 농도 변화를 표시했다. 이것을 보면 이온화상수 K_a는 농도의 영향을 거의 받지 않음을 알 수 있다.

이온화도와 이온화상수

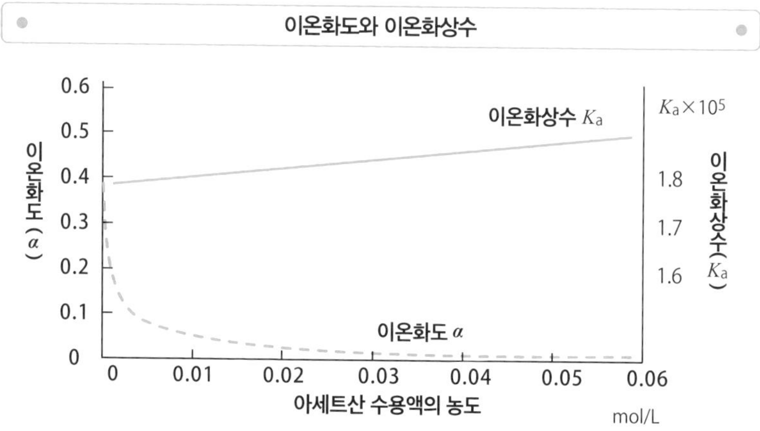

단위 · 기호의 유래

이온화도에 쓰이는 α라는 기호는 비율을 나타낼 때 흔히 사용된다. 또 이온화상수의 K는 평형 상수에 일반적으로 쓰이는 기호이다. 한편, K_a의 첨자 a는 붙이지 않을 때도 있다.

쓰이는 분야

물질 A가 일반적인 화합물이라면, 1몰을 녹이면 그 용액 속에 1몰의 A가 존재한다. 하지만 전해질의 경우는 다르다. 1몰의 전해질 AB를 녹이면 용액 속에는 AB가 분해되어 생긴 A^+와 B^-, 그리고 분해되지 않고 남은 AB까지 총 세 종류의 분자가 존재한다. 당연히 이들 분자의 총량은 1몰이 넘는다.

용액 속에 몇 몰의 분자가 존재하는지는 용액의 성질을 알아내는 데 결정적으로 중요하다. 그 답을 주는 것이 바로 이온화도와 이온화상수이다.

관련 지식 〈전해질과 어는점 내림〉

전해질 AB는 물에 녹으면 해리*가 일어나 A^+와 B^-가 되는데, 이는 AB라는 한 분자가 A^+와 B^-라는 두 분자로 작용함을 의미한다.

어는점 내림은 용질의 몰수에 따라 결정된다. 수크로스(천연 설탕)의 분자량은 342이고, 식염(염화나트륨)은 58.5이다. 즉, 설탕 342g을 녹일 때랑 식염 58.5g을 녹일 때의 효과가 같다는 것이다.

하지만 사실은 그렇지 않다. 식염은 녹이면 몰수가 2배로 늘어난다. 요컨대 설탕 342g과 식염 약 30g이 같은 효과를 내는 셈이다. 무려 설탕의 10배에 달하는 효과다.

* **해리**: 착화합물이나 이온 한 쌍이 구성 성분으로 나누어지는 것.

7 선광도 [α]

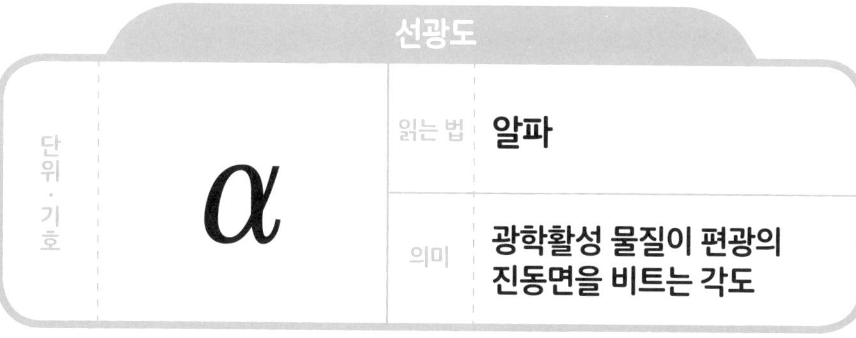

의미 · 정의

분자를 형성하는 원자의 종류와 개수(분자식)가 완전히 똑같은데도, 분자의 형태(구조식)가 다른 것을 서로의 이성질체라고 부른다.

• 광학 이성질체

화합물 중에는 아래 그림의 분자 A, B처럼 분자 구조가 서로 거울에 비친 것 같은 관계가 있다. 이러한 관계에 있는 분자를 서로의 광학 이성질체라고 한다. 단백질을 만드는 아미노산이 대표적인 광학 이성질체의 예이다.

거울에 비치는 관계인 광학 이성질체

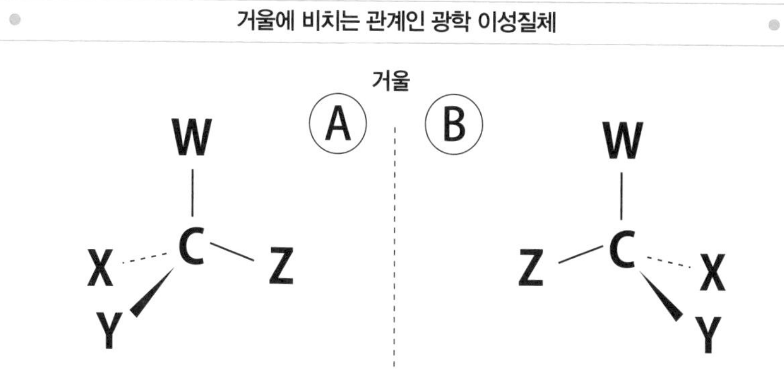

광학 이성질체의 화학적 성질, 반응성은 완전히 똑같아서 구별하기 불가능하다. 실험실에서 A를 만들려고 하면 동시에 B도 생기고 심지어 양까지 똑같은 것이다. 이러한 혼합물을 일반적으로 라세미 화합물이라고 부른다. 라세미 화합물을 그 성분인 A와 B에 화학적 수단을 써서 분해하기란 불가능하다.

그런데 광학 이성질체는 생물에 주는 영향과 광학적 성질이 완전히 다르다. 예를 들어 A는 독극물이고, B는 약물일 수도 있다.

• 선광성

선광도는 이러한 광학 이성질체의 빛에 대한 반응성에서 도출된 것이다. 빛은 전자파이며 횡파이다. 즉 진동면이 있다. 일반적인 빛은 다양한 진동면을 가진 빛의 혼합체인데, 이 빛을 슬릿에 통과시키면 진동면이 일치하는 빛을 얻을 수 있다. 이러한 빛이 편광이다.

광학 이성질체의 한쪽 A에 편광을 통과시키면 진동면이 오른쪽으로 α도 회전한다.

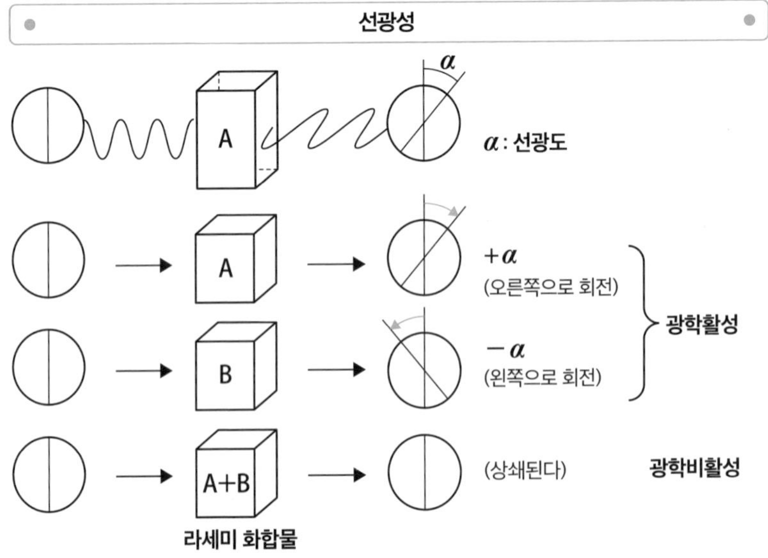

이 α를 선광도라고 부른다. 그런데 다른 한쪽인 B에 통과시키면 편광은 반대인 왼쪽으로 α도 회전한다. 따라서 라세미 화합물에 편광을 통과시키면 상쇄되어 편광이 회전하지 않게 된다.

1몰 농도인 시료를 광행로 길이 1㎝인 셀에 넣고 측정한 선광도를 특별히 비선광도라고 하며, 'α'로 표기한다.

단위 · 기호의 유래

비선광도를 측정할 경우에는 측정 온도, 빛의 종류, 용매의 정보가 중요하므로 그것들을 아래와 같이 쓴다.

$[\alpha]^{20}_{D}+5.00$ (물)

이 예에서는 측정 온도 20℃, 용매는 물, 빛은 나트륨의 D선(파장 590㎚)을 썼음을 보여 준다.

또 수치(5.00) 앞에 표시된 '+'는 편광을 오른쪽으로 회전시키는, 요컨대 우선성임을 나타낸다. 만약 이 수치의 앞에 '–'가 온다면 좌선성임을 알 수 있다.

쓰이는 분야

수크로스(천연 설탕)은 광학 이성질체의 한쪽이고 비선광도는 +66.5도이다. 하지만 이것을 가수 분해하면 우선성으로 비선광도 −92.3도인 프럭토스(과당)와 +52.7도인 글루코스(포도당)가 되어, 전체적으로 −20도가 되었을 때 반응이 끝난다.

수크로스 ⇄ 프럭토스 + 글루코스

이처럼 반응에 따라 선광도가 우선성에서 좌선성으로 바뀌는(선광이 역전, 즉 전화하는) 일이, 과당과 포도당을 '전화당'이라고 이름 붙인 이유이다.

8 농도 [%]

단위·기호	% mol/L	읽는 법	——
		의미	용액 속에 녹아 있는 용질의 양을 나타내는 지표

의미 · 정의

농도는 일상적으로 쓰는 지표인데, 농도에도 여러 가지 종류가 있다. 또 농도라고 해서 단위가 꼭 %만 있는 것은 아니다.

• 질량 퍼센트 농도(단위: %)

'**질량 퍼센트 농도**'는 일반적으로 쓰는 농도다. 용액 속에 포함된 용질(NaCl)의 질량을 퍼센트로 표시한 것이다.

정의 $\text{질량 퍼센트 농도(\%)} = \dfrac{\text{용질 질량(g)}}{\text{용액 질량(g)}} \times 100$

예 10% 농도인 식염수를 만들려면 NaCl 100g에 물 900g을 더한다. 전체가 1,000g이고 그중 염화나트륨이 100g이므로 10%가 된다.

• 부피 퍼센트 농도(단위: %, 도)

'**부피 퍼센트 농도**'는 용질이 액체인 경우에 쓰인다. 용액 속에 포함된 용질의 '부피'를 %로 나타낸다.

정의 부피 퍼센트 농도(vol%) = $\frac{\text{용질의 부피(L)}}{\text{용액의 부피(L)}} \times 100$

예 알코올(에탄올) 수용액으로 살펴보자. 10% 농도인 알코올 수용액을 만들려면 100mL의 에탄올에 물을 넣고 전체 부피를 1L로 만든다. 질량 퍼센트 농도에서는 '질량'을 문제로 했지만, 여기서는 '부피'의 비율을 문제로 한다.

• 몰 농도(단위: mol/L)

화학에서 일반적으로 쓰는 농도가 바로 이 **몰 농도**이다. 특별한 언급이 없는 한, **화학책에서 농도라고 하면 몰 농도를 가리킨다**고 생각하기 바란다. 몰 농도는 용액 1L의 부피 속에 포함된 용질의 몰수이다.

정의 몰 농도(mol/L) = $\frac{\text{용질의 몰수(mol)}}{\text{용액의 부피(L)}}$

예 1몰 농도의 식염수를 만들려면 1L 메스플라스크에 NaCl을 1몰(58.5g) 넣은 다음 물을 부어 전체 양을 정확히 1L로 만든다.

• 질량 몰 농도(단위: mol/1,000g)

용매 1,000g 속에 녹아 있는 용질의 몰수를 **질량 몰 농도**라고 한다. 앞서 나온 몰 농도와의 차이점은 몰 농도는 '1L 부피'에 포함된 몰수였지만, 이 질량 몰 농도는 글자 그대로 '1,000g의 질량' 속에 녹아 있는 몰수를 말한다는 것이다.

정의 질량 몰 농도(mol/1,000g) = $\frac{\text{용질의 몰수(mol)}}{\text{용매 질량(1,000g)}}$

예 1질량 몰 농도인 식염수를 만들려면 1몰의 NaCl을 1,000g의 물에 녹인다.

• 몰분율(무명수)

용질의 몰수를 용질과 용매의 몰수의 합으로 나눈 값을 말한다. 이론 화학 분야에서 많이 쓰인다.

정의 몰분율(무명수) = $\frac{\text{용질의 몰수}}{(\text{용질}+\text{용매})\text{몰수}}$

예 0.1몰분율인 식염수를 만들려면 NaCl 1몰을 9몰(18×9=162g)의 물에 녹인다.

쓰이는 분야

농도는 일상생활의 여러 분야에서 쓰인다. 그중에서도 식품의 농도는 특별한 언급이 없는 한 '질량 퍼센트 농도'를 쓴다. 하지만 술 농도는 '부피 퍼센트 농도'를 '도'로 표시하고 있다. 소주의 알코올 도수가 15도일 경우에는 소주 부피의 15%가 에탄올임을 의미한다. 에탄올은 비중이 0.789로 물보다 작아서, 만약 질량 퍼센트 농도로 나타낸다면 12% 정도가 된다.

화학 문헌에서는 특별한 언급이 없는 한, 농도를 '몰 농도'로 쓴다. 환경 문제 등에서는 저농도를 다루므로, 농도는 ppm(100만 분의 1), ppb(10억 분의 1)가 될 때가 많다. 인구 약 200만 명의 도시에서 어떤 두 사람을 찾으려고 하면 그 농도가 1ppm이다. 인도의 인구는 약 10억 명이므로, 인도에서 어떤 한 사람을 찾으려고 하면 그 농도는 1ppb이다.

ppm, ppb가 얼마나 확률적으로 작은지 실감날 것이다. 하물며 컵 한 잔(180mL, 10몰)에 1ppb인 붉은색 분자가 섞이면 그 개수는 6×10^{15}개이다. 인체에 주는 영향을 생각할 때는 그 비율뿐만이 아니라 개수로 생각해야 할 필요도 있다.

COLUMN 20

금의 순도, 캐럿

금제품을 보면 14K, 18K 등 'K' 마크가 붙어 있다. K는 순도 단위로, 캐럿이라고 읽는다. 순금을 24K으로 나타내고, 합금일 경우에는 금의 무게 함유량을 24진법으로 나타낸다. 즉 50% 순도라면 12K이 되는 것이다.

도요토미 히데요시가 다이묘(지방의 유력자)에게 줄 선물용으로 만든 화폐 게이초오반은 금 함유량이 68%였다고 하니, 24×0.68=16.32로, 대략 16K이 된다. 나고야성의 금 장식 사치호코(호랑이 머리에 물고기 몸통을 한 상상의 동물)는 그 비늘을 게이초오반을 녹여 만든 것이라고 한다. 그 말은 처음에는 16K로 반짝반짝 빛나고 있었다는 것이다.

하지만 점차 재정이 어려워지자 사치호코를 내려 비늘을 몇 장만 남기고 뜯어내는 대신 구리 등 불순물을 섞어 다시 만들었다는 이야기가 전해진다. 이러한 일이 몇 차례 거듭되고 제2차 세계대전 때 불에 타고 난 뒤에는 8K 정도에 지나지 않았다고 한다.

은의 경우는 특별한 언급이 없는 한, 서양 제품은 스털링 실버(sterling silver)로 나타낸다. 이것은 92.5%가 은이고 나머지는 구리 등이 섞인 합금이다. 스털링 실버는 제조 후 시간이 지나면서 딱딱해진다고 한다. 또 은화에는 은화용 코인 실버가 쓰이는데, 이는 순도 90%로 낮지만 농도는 나라마다 다르다.

9 밀도 [ρ]

밀도, 비중

단위 · 기호			
	ρ	읽는 법	로
		의미	단위 부피당 질량, 물과의 비교

의미 · 정의

• **밀도(단위: g/㎤, kg/㎥)**

단위 부피당 질량을 밀도(ρ)라고 한다. 단위는 cgs 단위라면 g/㎤, MKS 단위라면 kg/㎥로 나타낸다.

• **비중(무명수)**

어떤 물질의 밀도를, 표준이 되는 물질의 밀도로 나눈 값을 그 표준 물질에 대한 비중이라고 말한다. 통상적으로는 고체와 액체인 경우 물을 표준으로 하고, 기체인 경우에는 공기를 기준으로 비중을 산출한다.

단위 · 기호의 유래

위에서 말했듯 밀도의 경우 cgs단위라면 1세제곱센티미터당 그램 수, 즉 단위는 g/㎤이다. 또, MKS단위라면 1세제곱미터당 킬로그램 수, 즉 단위는 kg/㎥이다.

하지만 비중은 밀도와 달리 비교 값이므로 무명수이다. 따라서 단위가 없다.

쓰이는 분야

얼음은 물보다 밀도가 작아 물 위에 뜬다. 컵에 얼음을 넣고 물을 컵 가득 부어 보자. 이를 그대로 내버려 두면 얼음은 녹지만 컵 속 물이 넘치는 일은 일어나지 않는다. 왜 그럴까?

이는 지구온난화로 남극과 북극 바다 위 빙하가 녹아도 해수면 상승으로는 이어지지 않음을 의미한다. 해수면이 상승하는 이유는 육지 위의 얼음(이를테면 남극 대륙의 얼음)이 녹아 바다로 흘러들어 가거나, 바닷물 온도가 올라가 바닷물이 팽창하는 데 있다.

일반적으로 금속은 비중이 1보다 커서 물에 가라앉는다고 생각하지만, 비중이 1보다 작은 금속도 존재한다. 리튬(Li, 비중 0.53), 나트륨(Na, 비중 0.77), 칼륨(K, 비중 0.86)이다.

통상적으로 비중이 5보다 작은 마그네슘(Mg, 비중 1.74)이나 알루미늄(Al, 비중 2.70), 티탄(Ti, 비중 4.50) 등을 경금속이라고 하고, 그것보다 무거운 금속을 중금속이라고 한다. 이리디움(Ir)은 비중이 22.65나 되어 모든 원소 가운데 가장 크다.

관련 지식 〈중금속의 독성〉

금(Au)이든 철(Fe)이든 금속은 무척 유용하기 때문에 인류는 예부터 금속을 이용해 왔다. 하지만 금속 중에는 몹시 유해한 것도 있다. 특히 비중이 큰 중금속의 독성이다.

수은(Hg, 비중 13.6)는 미나마타병의 원인이 되었다. 카드뮴(Cd, 비중 8.7)는 이타이이타이병의 원인 물질이다. 또 납(Pb, 비중 11.3)은 신경 질환을 일으키는 것으로 알려져 있다. 크롬(Cr, 비중 7.2) 중 3가 Cr^{3+}은 필수 원소인 반면 6가 Cr^{6+}는 유해하다고 한다. 금속이 우리 생활에 가까워진 만큼 더욱 조심해야 한다.

10 경도

단위 · 기호	경도		
	—	읽는 법	도
		의미	물질의 굳기를 나타내는 지표

의미 · 정의

경도에는 측정 방법, 정의 등에 따라 많은 종류가 있는데, 잘 쓰는 것으로는 모스 경도, 비커스 경도가 있다.

모스 경도는 기준이 되는 물질을 정한 다음 그 경도와의 비교, 실제로는 표준 물질로 측정 물질을 긁었을 때 자국이 남는지 살펴 경도를 정하는 방식이다. 표준 물질에는 경도 10으로 가장 단단한 다이아몬드에서부터 경도 1로 가장 연한 활석까지 열 종류가 준비되어 있다(오른쪽 페이지 표). 이는 대략적인 느낌으로는 알기 쉬워도 정량성이 부족하다.

반면 비커스 경도는 정량적인 경도이다. 다이아몬드로 된 피라미드형 압자(penetrator)의 끝을 물체에 대고 압력을 가해, 그때 움푹 들어간 면적과 압력으로 계산한다.

단위 · 기호의 유래

모스 경도는 이 경도를 처음 만든 독일의 광물학자 프리드리히 모스(Friedrich Mohs, 1773~1839)에서 유래했고, 비커스 경도 역시 이 경도를 고안한 영국의 철공회사 비커스의 이름을 본떠 이름 붙였다.

비커스 경도는 가한 압력을 움푹 파인 면적으로 나눈 값을 HV(Vicker's

hardness)값이라고 하고 압력 1㎏, HV값 200이면 200HV1로 표시하고, 압력 0.5㎏에 HV값이 600이면 600HV0.5로 표시한다.

쓰이는 분야

금속 제품의 강도, 특히 인장 강도와 피로 강도를 측정하려면 최종적으로 그 제품을 부수지 않으면 안 된다(파괴 강도). 그런데 이러한 강도는 비커스 강도와 상관관계가 있어서, 편의상 이 상관관계를 통해 추정 가능하다. 모스 경도는 손톱이나 유리 등 주변에 있는 물질의 굳기를 비교하는 데 잘 쓰인다. 다이아몬드가 제일 단단하다고 생각하기 쉽지만, 그보다 더 단단한 물질도 있다.

모스 경도 10~1

경도	광물	우리 주변의 재료(기준)
10.0	다이아몬드	
9.0	루비, 사파이어, 강옥	
8.5	묘안석, 알렉산드라이트(금록석)	
8.0	황옥(토파즈), 에메랄드, 아쿠아마린(녹주석)	
7.5	석류석, 전기석	강철의 줄
7.0	수정(석영), 자수정, 비취	
6.5	탄자나이트, 감람석	
6.0	정장석, 단백석(오팔), 터키석	
5.5	청금석	칼날
5.0	인회석, 에퍼타이트	유리
4.5	—	목공용 못
4.0	형석, 공작석	
3.5	산호, 진주	구리 동전
3.0	방해석, 대리석, 카사이트	
2.5	—	사람 손톱, 코끼리 상아
2.0	석고	호박
1.0	활석	

모스 경도 9 이상

순위	물질
1	우르차이트(천연 광물): 질화붕소
2	론스데일라이트(천연 광물): 육방정 다이아몬드
3	다이아몬드: 탄소
4	보라존: 붕소와 질소 화합물
5	이붕화레늄: 레늄(Re) 화합물
6	탄화티타늄(세라믹의 일종)
7	이붕화티타늄(세라믹의 일종)
8	탄화지르코늄
9	탄화붕소
10	사파이어

11 굴절률 [n]

단위·기호			
굴절률			
n		읽는 법	엔
		의미	진공을 날아온 빛이 물질에 들어갈 때, 빛이 들어가는 길이 휘는 정도

의미 · 정의

어떤 물질 A 속을 진행해 온 빛이 다른 물질 B에 들어갈 때, 빛의 진행 방향이 바뀌는 현상을 **굴절**이라고 한다. 이때 빛의 각도 i와 r의 사인값, sin$i$와 sin$r$의 비를, A와 B 사이의 상대 굴절률이라고 한다. A가 진공일 때는 B의 **절대 굴절률**, 혹은 단순히 **굴절률**이라고 한다.

굴절률은 빛의 파장에 따라 달라진다. 일반적으로 파장이 짧을수록 굴절률은 커진다. 그래서 특별한 언급이 없는 한, 굴절률을 측정할 때는 나트륨의 D선(파장 589.3㎚)을 이용한다.

단위 · 기호의 유래

기호 n은 n^{20}_{D}처럼 위와 아래에 숫자, 기호가 붙을 때가 있는데 위 숫자는 측정 온도가 20℃라는 것을 나타내고, 아래 기호 D는 빛의 종류, 즉 나트륨의 D선을 의미한다.

쓰이는 분야

굴절률은 광학 렌즈를 만들 때 몹시 중요하다. 광학 장치에서 렌즈가 빛을 휘게 하는 역할을 하기 때문이다. 굴절률이 클수록 렌즈를 얇게 만들 수 있다. 그래서 안경용 재료로도 중요하다.

굴절률이 제일 큰 물질은 다이아몬드(굴절률 2.42)라고 하는데, 사실은 금홍석이라는 이름으로 불리는 루틸(산화티탄 TiO_2의 결정)은 굴절률이 2.62~2.90으로 다이아몬드보다 크다.

광파이버에 쓰이는 석영 유리의 굴절률은 1.5 정도이다. 이는 광신호가 광파이버 안을 '30만km÷1.5', 즉 초속 20만km로 나아감을 의미한다.

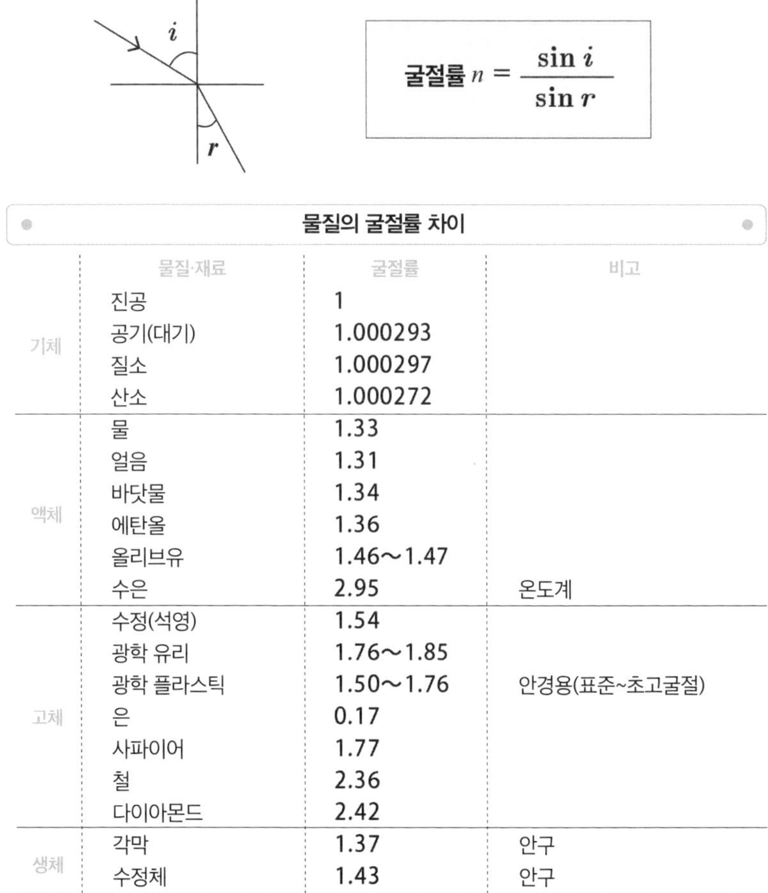

	물질·재료	굴절률	비고
기체	진공	1	
	공기(대기)	1.000293	
	질소	1.000297	
	산소	1.000272	
액체	물	1.33	
	얼음	1.31	
	바닷물	1.34	
	에탄올	1.36	
	올리브유	1.46~1.47	
	수은	2.95	온도계
고체	수정(석영)	1.54	
	광학 유리	1.76~1.85	
	광학 플라스틱	1.50~1.76	안경용(표준~초고굴절)
	은	0.17	
	사파이어	1.77	
	철	2.36	
	다이아몬드	2.42	
생체	각막	1.37	안구
	수정체	1.43	안구

12 투명도, 투시도

투명도·투시도

단위·기호			
	—	읽는 법	도, ㎝
		의미	물이 어느 정도의 투명한지 나타내는 척도

의미 · 정의

투명도·투시도에는 특별한 기호가 없다. 투명도의 단위는 미터, 투시도의 단위는 도, 또는 ㎝이다.

물속에 지름 30㎝인 하얀 원판(세키 원판)을 가라앉힌 후 그것을 맨눈으로 판단할 수 있는 가장 깊은 곳을 미터 단위로 나타내 **투명도**로 정한다. 맨눈으로 판정하기 때문에 오차나 개인차가 있어, 정확한 지표라고 말하기는 힘들다.

반면, 투명한 관에 시료를 넣고 위에서 투시하여 표식판을 위아래로 움직이며, 거기에 굵기 0.5㎜, 간격 1㎜인 이중선으로 표시된 십자(이중십자)가 처음으로 뚜렷하게 인식 가능했을 때의 깊이로 나타내는 것이 **투시도**이다.

그밖에 스쿠버다이빙에도 투시도를 이용하는데, 이 경우에는 깊이가 아니라 수평 방향에 어느 정도로 보이는지를 측정한다.

환경 오염으로 인해 바다와 호수 등 물이 오염되어 있다. 이 오염 정도를 시각적으로 나타내는 것이 투명도, 투시도이다.

투시도는 물속 지름 2㎜ 이하의 불용성 물질인 부유 물질의 양과 상관관계가 있다. 투시도가 낮은 물은 햇빛을 차단하기 때문에 해조류의 광합성을 방해한다.

13 삼투압 [Π]

삼투압

단위·기호	읽는 법	파이
Π	의미	반투막을 중간에 끼운 순용매와 용액 사이의 압력차

의미·정의

물처럼 작은 분자는 투과하지만 설탕처럼 큰 분자 혹은 소금(염화나트륨 NaCl) 같은 이온성 물질 등 특정 분자는 투과하지 않는 막을 반투막이라고 부른다. 세포막은 전형적인 반투막이다.

지금, 바닥에 반투막을 친 피스톤에 수용액을 넣는다고 생각해 보자. 이 피스톤을 수조에 넣으면 반투막을 통과한 물이 피스톤 안으로 들어가, 피스톤의 손잡이 부분이 올라온다. 이 손잡이를 밀어서 원래 위치로 되돌리는 데 필

삼투압

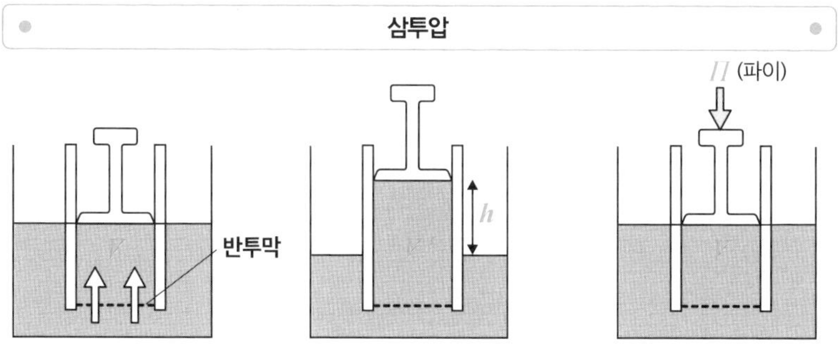

$$\Pi V = nRT$$

Π : 삼투압 V : 부피 n : 용질 몰수 T : 절대 온도 R : 기체 상수

요한 압력을 삼투압(Π)이라고 한다. 삼투압 Π과 피스톤의 부피 V, 용질의 몰 수 n, 절대 온도 T, 기체 상수 R의 사이에는 다음과 같은 관계가 있다.

$$\Pi V = nRT$$

예제 같은 무게인 A와 B를 녹인 용액의 삼투압을 측정했더니, A는 B보다 두 배 큰 삼투압을 보였다. A와 B의 분자량 관계를 밝혀라.

정답 A가 B보다 삼투압이 2배 컸다는 것은 A의 몰 수가 2배였다는 의미이다. 그리고 A와 B는 같은 무게인데도 A의 몰 수가 2배라는 것은 A의 분자량이 B의 절반임을 뜻한다.

단위 · 기호의 유래

압력의 기호로는 p(pressure)를 쓰는 것이 보통인데, 삼투압이라는 특별한 압력임을 나타내기 위해 알파벳 p에 해당하는 그리스 문자 Π(π의 대문자)를 사용한다.

쓰이는 분야

삼투압이 높은 용액과 낮은 용액을 반투막을 매개로 접하게 해 두면, 삼투압이 낮은 쪽에서 높은 쪽으로 수분이 이동한다.

소금 수용액을 이용한 절임이라든지 설탕물을 이용한 설탕절임, 잼 등은 이 원리를 이용했다. 식물을 그 삼투압보다 높은 삼투압을 가진 용액, 즉 2% 정도 이상 농도인 소금물이나 50% 이상 농도의 설탕물에 담근다. 이는 식물 속 수용액과 절임용 수용액을, 식물 세포막이라는 반투막을 매개로 접촉시키는 것이다. 이 결과 식물 속 수분이 빠져나가 식물이 탈수되어 오랜 기간 보존할 수 있게 된다.

기체 상수는 0.082? 아니면 8.31?

화학을 잘했던 사람이라면 '기체 상수' 하면 바로 '**0.082**'라고 대답할 수 있을지도 모르겠다. 하지만 현재 물리 교과서에는 **8.31**로 나와 있다. 왜 그럴까?

애당초 **0.082**라는 수치(R)가 어디에서 나온 것인가 하면,

$PV=nRT$ …①

위의 기체 상태 방정식을 통해 R을 구한 것이다. 이 식을 하나씩 살펴보면 표준 상태인 기체는 0℃(=273K)에서 1기압(1atm)일 때, 1몰(mol)당 22.4L의 부피가 되므로, 그대로 상태 방정식에 대입해 보면 아래와 같다.

$P=1$(atm), $V=22.4$(L), $n=1$(mol), $T=273$(K)이므로,

$R=PV\div(nT)=(1\times22.4)\div(1\times273)$

$=0.08205\fallingdotseq0.082$[L·atm/(mol·K)] …②

훌륭하게, 기체 상수 R=**0.082**가 되었다. 역시 옳았다.

여기서 SI 단위계로 변환해 보자. 부피를 L(리터)에서 ㎥으로, 기압도 atm에서 Pa(파스칼)로 변환해 보는 것이다.

$1\text{L}=(10\text{cm})^3=(0.1\text{m})^3=(10^{-1}\text{m})^3=10^{-3}\text{m}^3$

1atm=1,013hPa=101,300Pa ←(hPa=100Pa이므로)

$R=0.082\times10^{-3}\times101{,}300=8.3066$

$=8.31$[Pa·㎥/(mol·K)] …③

③식 그대로 두어도 되지만, $1\text{Pa}=1\text{N}\cdot\text{m}^{-2}$, 1J=1N·m이므로,

$\text{J}=\text{N}\cdot\text{m}=(\text{Pa}\cdot\text{m}^2)\times\text{m}=\text{Pa}\cdot\text{m}^3$ …④

가 된다. 그리고 ③식의 단위는 다음과 같이도 쓸 수 있다.

$R=8.31$[J/(mol·K)]

역시, **8.31**이란 **SI** 단위계에서의 표시였던 것이다.

14 치사량 [LD]

치사량

단위·기호			
LD	읽는 법	엘디
	의미	독의 강도를 나타내는 지표

의미 · 정의

음식물은 영양원이므로 중요하지만, 너무 많이 섭취하면 오히려 해가 된다. 물 마시기 대회에서 너무 많은 물을 마신 사람이 '물 중독'에 걸려 사망하는 사례도 있었다. 그렇다고 해서 물을 독이라고 생각하는 사람은 없으리라. 왜냐하면 독이란 소량만으로도 목숨을 앗아가는 물질이니까 말이다.

하지만 설령 독극물이라고 해도 극소량을 먹은 것만으로는 죽지 않는다. 그럼 어느 정도의 양을 먹으면 사망에 이르게 될까, 그 양을 **치사량**이라고 부른다. 치사량도 독극물을 어떻게 섭취했느냐에 따라 다양하지만, 가볍게 섭취했을 경우의 경구 치사량이 일반적이다.

사람의 경구 치사량(1㎏당)

초맹독	5mg보다 적은 양
맹독	5mg~50mg
몹시 강력	50mg~500mg
강함	0.5g~5g
근소	5g~15g
무독	15g 이상

하지만 독의 효과에도 개인차가 있다. 그래서 통계를 내보기로 한다. 몇 개 정도의 검체(쥐 등)에 독을 투여하고 그 양을 서서히 늘려 나가는 것이다. 그래프는 독극물의 투여량과, 그에 따라 죽음에 이르는 검체의 비율을 나타냈다.

그래프는 전형적인 S자 곡선을 그리고 있다. 검체의 50%가 죽었을 때의 투여량을 반수 치사량(LD_{50})라고 한다. LD_{50} 수치가 작을수록 강력한 독극물이다.

LD_{50}의 반치사량

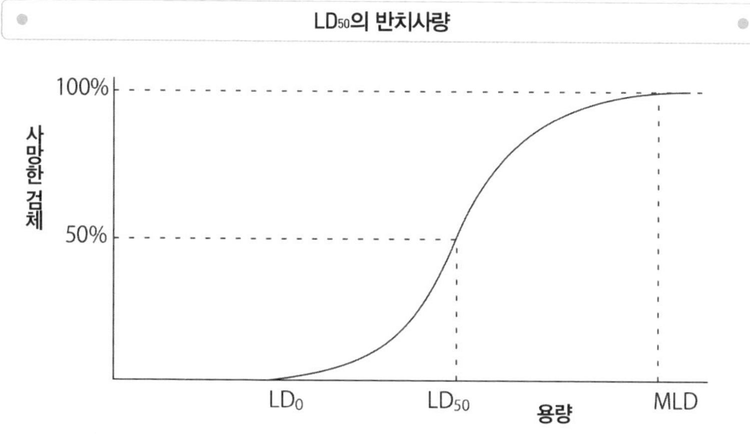

단위 · 기호의 유래

LD_{50}의 LD는 영어로 Lethal Dose(치사 복용량)의 머리글자이다. 첨자인 50은 50%를 의미한다. 복용량이 아니라, 공기 중의 농도일 경우에는 LC_{50}(Lethal Concentration)으로 나타낸다.

LD_{50}의 경우에는 검체의 무게 1kg당 양으로 표시하기 때문에, 몸무게가 50kg인 사람은 LD_{50}의 수치를 50배 해서 생각할 필요가 있다. 또, LD_{50}이라는 것은 어디까지나 검사에 쓴 쥐 등의 동물에 대한 독성을 나타내는 것이기 때문에 사람에게 그대로 적용할 수는 없다.

독극물 중에는 사람에 대한 경구 치사량을 적은 것도 있지만, 그런 양을 실험으로 구할 수는 없다. 사고나 자살을 참고로 해서 추정한 값이다.

쓰이는 분야

LD_{50}은 독극물의 강도를 알기 위한 강력한 무기이다. 의학이나 음식물 연구 등에 절대 빼놓을 수 없는 정보다. 어떤 독극물이 얼마만큼 강한지 알려면 LD_{50}을 비교하는 것이 가장 낫다. 아래의 표는 대표적인 독극물을 LD_{50}의 순서로 나열한 것이다.

가장 강한 두 가지는 둘 다 세균이 분비하는 독으로, 단백질로 되어 있다. LD_{50}을 보면 다른 독을 누를 만큼 강력하다는 것을 알 수 있다. 청산가리(정식 명칭 사이안화칼륨: KCN)는 서스펜스 소설 등에 잘 나오는 맹독인데, LD_{50}을 비교할 때에 한해서는 담배에 함유된 니코틴이 더 강독이다. 옛날에는 궐련 담배 세 개비면 성인을 죽일 수 있다고도 했다.

LD_{50} 치사량 순위

1	보툴리눔 독소	0.0003	11	아코니틴	120
2	파상풍 독소	0.002	12	아마니틴	400
3	리신	0.1	13	사린	420
4	펠리톡신	0.5	14	코브라 독	500
5	바트라코톡신	2	15	피조스티그민	640
6	테트로도톡신	10	16	스트리크닌	960
7	VX	15	17	비소	1,430
8	다이옥신	22	18	니코틴	7,000
9	투보쿠라린	30	19	청산가리	10,000
10	바다뱀 독	100	20	염화제2수은	29,000

15 유효량 [ED]

유효량

단위·기호			
ED	읽는 법	이디
	의미	약의 효과를 나타내는 지표

의미 · 정의

의약품이라고 해도 너무 소량만 먹어서는 별로 효과가 없으리라. 그럼 어느 정도의 양을 복용하면 좋을까?

복용량과 그것을 먹고 나은 사람의 비율은 앞의 치사량 경우와 비슷하게 S자 곡선을 그리는 것으로 알려져 있다(230페이지 그림 참조). 이 곡선에서 50%의 환자가 병이 나은 경우의 복용량을 50% 유효량, 즉 ED_{50}이라고 한다.

단위 · 기호의 유래

ED는 영어 Effective Dose의 약어로, 특별한 언급이 없는 한 몸무게 1kg으로 표시한다.

쓰이는 분야

ED_{50}이 중요한 것은 약의 부작용, 약에 의한 피해와 관련된 분야이다. 독극물 중에는 약으로 쓸 수 있는 것이 아주 많은데, 당연한 말이지만 약물의 경우 너무 많이 복용하면 몸에 해롭고, 그 부작용 때문에 사망에 이르기도 한다.

ED_{50}, LD_{50}으로 약의 특성 찾기 ① 쓰기 쉬운 약

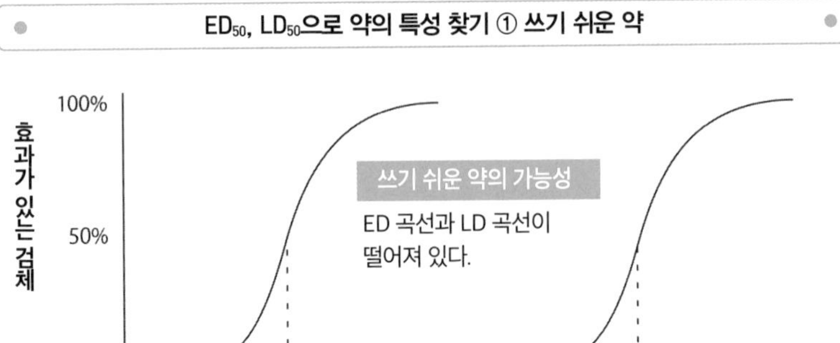

위의 그림은 같은 화학 물질의 LD 곡선(50% 치사량)과 ED 곡선(50% 유효량)을 한 그래프 안에서 나타낸 것이다. 두 곡선이 떨어져 있으면 그것은 안전성이 높은 약이라고 할 수 있다.

하지만 그래프가 만약 아래와 같이 LD 곡선과 ED 곡선이 몹시 근접해 있는 경우는 위험하다. 의사가 지시한 대로 복용하면 되겠지만, 빨리 나으려는 마음에 환자가 멋대로 계속해서 많이 복용한다면 생명의 위험과 직결되는 부작용이 생길지도 모른다.

ED_{50}, LD_{50}으로 약의 특성 찾기 ② 부작용의 위험성

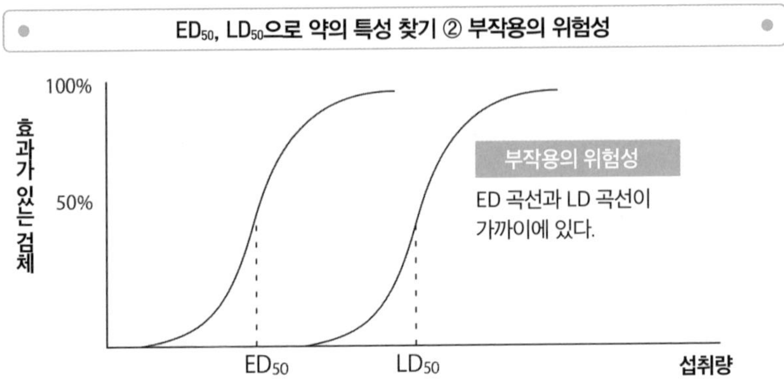

LD 곡선과 ED 곡선을 바탕으로 한, '안전역'이라는 안전성 기준이 있다.

$$\text{안전역} = \frac{LD_{50}}{ED_{50}}$$

이는 그래프를 봐도 알 수 있듯, 안전역의 값이 커질수록 독성이 나타날 가능성이 낮아짐을 나타낸다.

• DDS

항암제 등과 같이 특정 세포를 공격하는 약제의 부작용은 그 약이 암세포뿐 아니라 정상 세포까지 공격하는 현상이다. 이러한 부작용을 방지하려면 약이 암세포에게만 닿도록 하는 것이다. 그러한 의도로 개발된 약제를 DDS(Drug Delivery System)라고 한다.

예를 들어 설명하자면, 모세 혈관을 통과할 수 있는 아주 작은 캡슐에 약과 철분을 넣는다. 한편 암세포에는 수술로 자석을 심어 둔다. 환자에게 이 캡슐을 삼키게 하면, 캡슐이 혈류를 타고 온몸을 돌아다니다가, 자석에 이끌려 암세포 근처에서 머물게 된다. 그리고 그곳에서 녹아 약제를 방출한다. 이를 화학적으로 더욱 섬세하고 효과적인 수단으로 실행하려는 시도가 이루어지고 있다.

COLUMN 22

요리할 때 쓰는 단위

요리는 화학 실험과 비슷하다. 최고의 맛을 내기 위해 몇 종류나 되는 액체, 결정, 용액의 엄밀한 양을 재서 섞고 익힌다. 당연히 계량이 중요하다. 그럼 요리에 쓰이는 계량 단위를 살펴보자.

• 기본적인 용량

- 계량컵 1컵: 계량컵 한 잔에 200mL
- 1큰술(큰 계량스푼): 대략 15mL
- 1작은술(작은 계량스푼): 대략 5mL

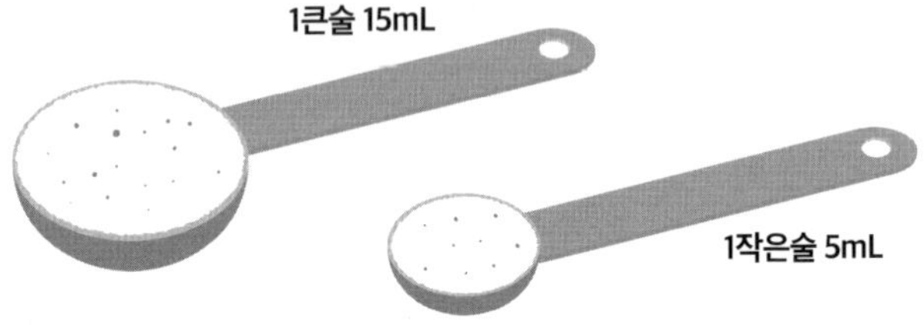

- 한 꼬집: 엄지와 검지, 중지를 이용해 집은 양으로 약 1mL
- 한 쪽(편): 귤, 마늘 등을 잘게 나눈 알 하나. 생강 1편은 엄지 제1관절에서 손가락 끝까지의 크기.

한편 1큰술, 1작은술이라고 하면 '계량스푼으로 가득 떠서 편평하게 깎아 냈을 때' 양을 가리킨다.

제2부

특수한 세계의 단위와 기호

자연 양자 세계 주기율표 화학 공학 우주

CHAPTER

12

공학이 강해지는 단위와 기호

1 직선 속도 [v]

직선 이동하는 물체의 속도

단위·기호			
v	읽는 법	브이
	의미	물체가 단위 시간당 이동한 거리

의미 · 정의

풍속, 음속, 광속, 혹은 고속 열차의 속도 등 우리 주위에는 속도(v)와 관련된 정보가 아주 많다.

일반적으로 말하면, 속도란 물체가 **단위 시간 동안 이동한 거리**를 말한다. 하지만 실제로 속도를 나타내는 단위는 여러 가지가 있다.

• 초속(m/s), 시속(m/h)

속도의 기본 단위는 초속, 즉 1초(s)간 몇 미터(m)를 이동했는가이다.

초속=m/s

여기서, m/s는 '미터 퍼 초'라고 읽는다. 슬러시(/)는 '~당'의 의미로 '퍼'라고 읽는다.

시속은 1시간에 몇 미터 이동했는가이므로, 초속을 3,600배(1시간: 60초×60분)하면 계산이 나온다.

시속(m/h)=3,600×초속

• 노트(kn, kt)

노트는 배의 속도를 나타내는 단위로, 1시간에 몇 해리를 이동했는지 알려 준다. 1해리(sea mile)는 지구상의 위도 1분에 해당하는 거리로, 정확히는 1,852m이다. 따라서, 아래와 같다.

1노트(kn)=1해리/시간=1,852m/s

• 마하수(M, Ma)

마하수(단순히 마하라고도 한다)는 음속을 1로 했을 때 속도 단위(상대 속도)이므로, 마하수에는 단위가 없다.

그런데 중요한 것은 음속이 정수가 아니라는 사실이다. 지상과 높은 상공에서 소리의 속도가 다르기 때문이다. 바다 위에서는 시속 1,225㎞/h, 성층권에서는 1,060㎞/h이다.

즉, 속도를 측정하는 항공기가 성층권을 날고 있으면 시속 1,060㎞가 1마하이지만, 바다 가까이의 낮은 상공을 시속 1,060㎞로 날면 1마하에 미치지 못하는 셈이다.

단위 · 기호의 유래

배 등의 속도를 나타내는 노트는 '매듭(knot)'이 그 어원이다. 옛날에는 밧줄에 6피트마다 매듭을 짓고 끝에 부표를 달아 바다에 던지고는, 30초 동안 투입되는 매듭 수로 배의 속도를 계산했다고 한다. 그 흔적이 지금의 노트인 셈이다. 음속의 단위 마하는 초음속을 연구한 오스트리아의 물리학자 에른스트 마흐(Waldfried Josef Wenzel Mach, 1838~1916)에서 유래했다.

쓰이는 분야

속도는 일상생활에서 빼놓을 수 없는 단위이다. 운전자는 늘 자기 자동차의 시속을 의식한다.

마하는 음속을 초월한 비행체, 즉 초음속 항공기, 전투기 등의 속도를 나타내는 데 쓰인다. 옛날에 영국과 프랑스가 공동 개발한 여객기 콩코드는 마하

2의 속도를 자랑했다. 하지만 폭음이 문제였다. 비행체의 속도가 음속을 초월하면 겹쳐진 음파의 파동을 꿰뚫고 나가고 그때 충격파가 발생한다. 충격파가 지표에 도달하면 유리창을 깨는 등의 피해를 낳는다.

COLUMN 23

태풍의 풍속

자동차나 고속 열차의 속도는 시속을 ㎞ 단위로 나타낸다. 자동차는 시속 60㎞, 고속열차는 시속 200㎞쯤 되는 감각이다.

태풍의 이동 속도도 시속으로 표시하는데, 태풍의 풍속은 초속으로 나타낸다. '태풍 ○○호의 최대 풍속은 초속 30m'라고 말한다.

초속과 시속이 섞여 있으면 혼란을 불러오게 된다. 초속을 시속으로 바꾸려면 초속에 3,600을 곱하면 되는데, 그것이 귀찮으면 초속에 4를 곱한 다음 ㎞로 바꿔 읽으면 시속에 가까운 값이 된다. 즉, 초속 30m라면 시속은 30×4=120㎞(정확히는 시속 108㎞)이다.

2 각속도 [rad/s]

회전하는 물체의 속도

단위 · 기호	읽는 법	라디안 퍼 세크, 알피엠
rad/s rpm	의미	회전하는 물체 속도를 나타내는 지표

의미 · 정의

바퀴 등 회전하는 물체의 회전 속도를 나타낼 때는 **단위 시간당 회전수를 나타내는 방법**과 **회전한 각도를 나타내는 방법** 두 가지가 있다.

• 회전 속도(r/min, rpm)

회전하는 물체가 1분간 몇 번 회전하는지를 회전 속도로 나타낸다. 옛날에는 레코드판의 회전수가 60rpm인 sp판, 33rpm인 LP판 등이 있었다. 참고로 CD의 회전 속도는 일정하지 않다. 주변부는 빠른 속도로, 중심부는 느린 속도로 회전한다. 이렇게 해야 헤드가 기록면을 훑는 속도가 거의 일정(1.2~1.4m/s)해지기 때문이다.

• 각속도(rad/s)

회전하는 물체의 회전 속도를 각도의 단위 라디안 퍼 세크(rad/s)로 나타낸 것이다. 1라디안은 원의 반지름과 같은 '길이의 원주'가 중심에 대한 각도로, 1rad=약 57.3도이다.

라디안의 의미

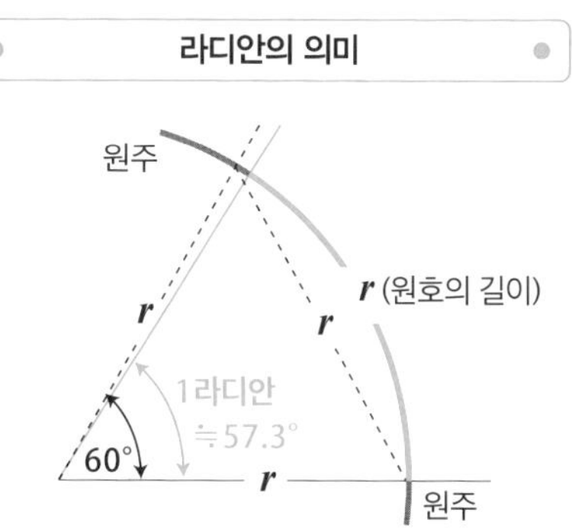

3 가속도 [a]

가속도, 중력 가속도, 지진 가속도

단위·기호			
a, g, Gal	읽는 법	에이, 지, 갈
	의미	단위 시간에 속도가 변화하는 비율

의미 · 정의

가속도에는 몇 가지 종류가 있다. 기본적인 것부터 살펴보자.

• 가속도 a (m/s²)

멈춰 있던 지하철이 움직이기 시작해 속도를 서서히 높여서 10초 후에는 시속 36㎞에 달한다고 해 보자. 이 사이에 지하철의 속도는 초속 0㎞에서 시속 36㎞까지 도달했다. 이러한 속도 변화를 **가속도(a)**라고 한다. m/s^2는 **미터 퍼 세크 제곱**이라고 읽는다.

예제 멈춰 있던 지하철이 10초 후에 시속 36㎞에 달했다. 이 지하철의 가속도를 구하라.

정답 시속 36㎞를 초속으로 바꾸면 36,000m/3,600s=10(m/s)이다. 따라서 가속도 a=(10m/s)÷10s=1m/s^2(1미터 퍼 세크 제곱)이 된다.

지하철이 멈춰 있을 때, 우리는 아무런 힘도 느끼지 못한다. 하지만 달리기 시작하면 진행 방향과 반대쪽으로 밀리는 힘을 느낀다. 그리고 지하철의 속도가 일정해지면 이번에는 다시 힘을 느끼지 않게 된다.

이처럼 힘을 느끼는 것은 속도에 변화, 즉 가속도가 작용하는 동안뿐이고,

가속도가 사라지면 힘을 느끼지 않는다. 요컨대 가속도가 발생하는 것이 곧 힘을 받는 것이다.

시속 36㎞로 달리던 지하철이 역에 접근하면 속도를 늦추고, 10초 후에는 멈춘다. 이 동안에도 속도가 변하고 있기 때문에 가속도가 작용한다. 이때의 가속도는 크기는 같으나 방향이 반대이므로 $a=-1m/s^2$가 된다.

가속도가 작용하고 있으니 우리는 힘을 느끼는데, 이번에는 출발 때와 반대로 진행 방향으로 밀리는 힘이 된다.

• 중력 가속도(g)

지구상에 있는 모든 물체에는 인력이 작용해 지구의 중력을 받고 있다. 인력은 힘이니까, 인력이 작용하는 물체에는 가속도가 발생한다. 이 가속도를 중력 가속도 g라고 한다. g의 크기는 관측에 의해 $g=9.80665m/s^2$가 되었다. 통상 $g=9.8m/s^2$로 계산한다.

예제 남산타워 꼭대기에서 물체를 떨어뜨리고 1초 후, 5초 후 물체의 속도를 구하라. 또, 중력 가속도는 $g=9.8m/s^2$라고 한다.

정답 1초 후: $g\times1s=(9.8m/s^2)\times(1s)=9.8(m/s)$

5초 후: $g\times5s=$약 $49(m/s)$

• 지진의 가속도, 갈(Gal)

1㎝/s^2의 가속도를 1갈(Gal)이라고 하며, 지진 계측 등에도 쓰인다. 미터로 바꾸면 아래와 같다.

1갈$=0.01m/s^2$

예제 중력 가속도는 몇 갈(Gal)인가. 또, 중력 가속도는 $g=9.8m/s^2$로 한다.

정답 $g\div0.01=g\times100=980(Gal)$

단위 · 기호의 유래

중력 가속도 g와 갈 Gal의 기호는 이탈리아의 물리학자 갈릴레오 갈릴레이(Galileo Galilei, 1564~1642)의 이름에서 유래했다.

쓰이는 분야

스마트폰에는 가속도 센서가 달려 있다. 이 센서로 가속도를 측정해서 스마트폰에 가해지는 힘, 즉 충격을 계측할 수 있다. 충격은 걸음 수를 계산하는 데 꼭 필요한 요소이다.

중력 g는 물체가 받는 힘의 단위로도 쓰인다. 이 경우에는 $1G=g=9.80665m/s^2$라고 하여, 힘을 몇 G로 표시한다. 즉, 중력의 몇 배라는 형태로 표현한다. 우주 비행사가 지구에서 날아갈 때에는 최대 3G의 힘을 받는데, F1 전투기 조종사는 그보다 더 큰 G를 받을 때도 있다고 한다.

COLUMN 24

질량? 무게?

질량과 무게는 혼동하기 쉬운데, 물리학적으로는 다른 양이고 구별해서 써야만 한다. 간단히 설명하면 차이점은 아래와 같다.

- 질량: 물체 고유의 양(언제 어디에서 재도 변화하지 않는다)
- 무게: 인력(지구상에서 생각하면 지구와 물체 사이의 인력)

달 위에서의 무게는 달과 물체 사이의 인력이다. 달의 중력 가속도는 지구의 1/6이므로, 달에서 계측한 무게는 지구에서 잰 무게의 1/6이 된다. 그렇기 때문에 과학적인 계산은 무게가 아니라 질량을 쓴다.

4 접선 가속도 [a_t]

접선 가속도, 구심 가속도

단위 · 기호			
	a_t, a_n	읽는 법	에이티, 에이엔
		의미	운동이 방향을 바꿀 때 나타나는 가속도

의미 · 정의

가속도는 직선으로의 속도가 변화할 때에만 나타나는 게 아니다. 속도의 방향이 변할 때에도 나타난다. 가속도는 '방향을 가진 양', 즉 벡터양이라고 불린다.

따라서 움직이는 물체가 방향을 바꿀 때에도 가속도가 작용한다. 같은 속도로 달리는 지하철이 방향을 바꿀 때, 특히 만원 지하철일 때 우리는 '밖 혹은 안으로 밀리는 힘'을 느낀다. 이는 방향을 바꿈으로써 가속도가 생겼다는 증거이다.

방향을 바꾸는 가속도에는 접선 가속도(a_t), 구심 가속도(a_n)로 총 두 종류가 있다.

• 접선 가속도(a_t, m/s^2)

속도 v로 등속 원운동을 하는 물체의 가속도를 생각해 보자. 이 물체의 속도는 242페이지 그림의 접선 방향으로 작용한다. 등속 원운동이란 이 접선 방향의 속도가 v라는 뜻이다.

만약 이 속도가 변했다면 가속도가 나타난다. 그 가속도는 접선 가속도(a_t)라고 부른다.

접선 가속도, 구심 가속도의 차이

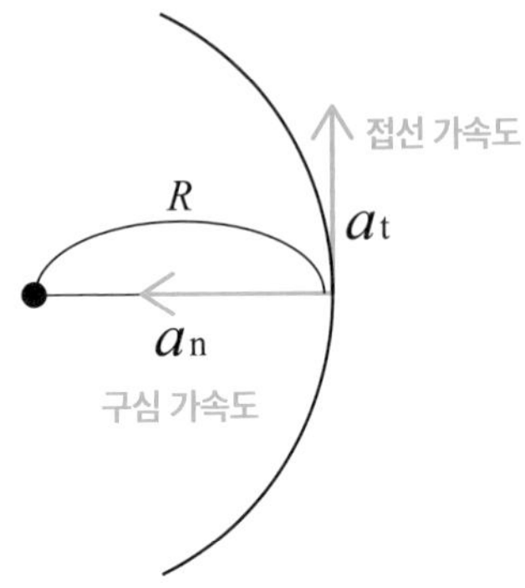

• 구심 가속도(a_n, m/s^2)

하지만 원운동은 물체의 운동 방향이 늘 변한다는 것을 의미한다. 이 방향 변화에 따르는 가속도는 중심 방향으로 향한다. 이러한 가속도를 구심 가속도(a_n), 또는 법선 가속도라고 한다. 그림을 보면 알 수 있듯, 앞에서 다룬 접선 가속도는 접선 방향으로 향하고 구심 가속도는 중심 방향으로 향하는 차이점이 있다.

반지름 R의 원주 위를 속도 v로 등속 원운동 하는 물체의 구심 가속도는 다음 식으로 구할 수 있다.

$$a_n = v^2/R$$

단위 · 기호의 유래

접선이라는 단어의 의미는 수학에서 말하는 '접선'과 같다. 그러니까 접선이란 공을 쥐고 돌다가 회전력(회전 가속도)이 붙은 단계에서 손을 놓으면 공이 날아가는 방향을 말한다. 느낌상으로는 공이 중심과 반대 방향으로 날아갈 것 같지만 실제로는 접선 방향으로 날아간다.

한편 구심이란 원운동의 중심점으로 향하는 것을 말한다.

쓰이는 분야

접선 가속도의 좋은 예로 만보기를 들 수 있다. 걷는 사람의 직선 또는 접선 가속도를 측정하면, 중심의 이동 속도 변화를 알 수 있기 때문이다. 즉 발뒤꿈치가 땅에 닿아 이동이 멈추고(가속도 마이너스), 다음으로 발가락 끝을 떼며 다시 이동이 시작될 때(가속도 플러스), 그 이동이 계속될 때(가속도 0)와 같이 보행에 따라 가속도가 시시각각 변화한다. 이 가속도의 변화를 차례대로 재 나가면 다리의 움직임(걸음 수)을 알 수 있다.

또 물체, 이를테면 스마트폰의 구심 가속도를 측정하면 스마트폰의 기울기를 알 수 있다. 이를 자동 보정하면 사용자는 폰을 들고 있을 때의 각도와 상관없이 언제든 정상적인 화면을 계속 볼 수 있다.

관련 지식 〈곡률 반지름〉

접선 가속도, 구심 가속도 이야기를 원운동뿐 아니라 일반 곡선 운동으로 확장할 경우에는 반지름이 아니라 곡률 반지름을 이용할 필요가 있다. 곡률 반지름이 큰 곡선은 완만하고, 곡률 반지름이 작은 곡선은 가파르다. 직선은 곡률 반지름이 무한대라고 생각할 수 있다. 하지만 좁은 범위의 곡선은 원과 근사할 수 있어, 곡률 반지름은 이렇게 근사한 원의 반지름이라고 생각할 수 있다.

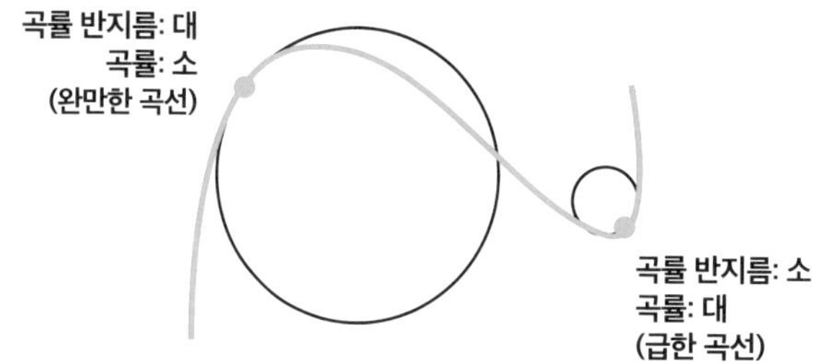

5 뉴턴 [N]

힘			
단위 · 기호	N, dyn F	읽는 법	뉴턴, 다인, 에프
		의미	물체의 질량과 가속도의 곱

의미 · 정의

힘(F)이라는 단어가 무엇을 의미하는지는 알기란 사실 몹시 어렵다. 물체를 움직이는 '힘'이라고 해서는 제대로 된 정의가 아니다. 역학에서는,

힘(F)이란, 물체의 질량(m)과 가속도(a)의 곱

이라고 명확하게 정의하고 있다. 즉, 아래와 같다.

$F=ma$

따라서 가속도가 작용하는 곳에는 힘이 발생하고, 힘이 작용하는 곳에는 가속도가 발생한다. 즉, 가속도가 작용하지 않는 곳에는 힘이 생기지 않는 것이다. 일상적인 업무는 물리적인 **일**이라고 볼 수 없는 것이다. 한편 힘의 단위에는 뉴턴과 다인이 있다.

· 뉴턴(N)

힘의 양적인 정의는 '1kg의 물체에 작용하여 그 방향으로 $1m/s^2$의 가속도를 주는 힘의 크기를 1N(뉴턴)으로 한다'이다. 따라서, 아래와 같다.

$1N = 1kg \cdot m/s^2$

• 다인(dyn)

앞에서 말한 뉴턴(N)은 MKS 단위인데, 그것을 cgs 단위로 번역한 것이 다인(dyn)이다. 따라서 다인과 뉴턴의 관계는 다음 식과 같다.

$$1dyn=1g\cdot cm/s^2=(10^{-3}kg)\cdot(10^{-2}m/s^2)=10^{-5}N=10\mu N$$

$$1N=10^5dyn=10\text{만 다인}$$

• 킬로그램중(kgf)

질량에 중력 가속도 g를 가하면 '힘'이 된다. 즉 질량 1kg인 물체는 다음과 같이 된다(어림셈).

$$1kgf=1kg\times9.8m/s^2=9.8N$$

단위 · 기호의 유래

뉴턴(N)은 영국의 과학자 뉴턴(Sir Isaac Newton, 1642~1727)에서 유래했다. 그리고 다인은 '힘'을 의미하는 그리스어에서 따왔다.

프랑스에서는 옛날에 스텐(sn)이라는 단위를 썼었다. 이것은 질량 단위에 톤(t: 1,000kg)을 써서 1sn=1,000N이 되었는데 현재는 쓰지 않는다.

쓰이는 분야

옛날에 텐마 박사가 강철 로봇 아톰을 처음 만들었을 때는 500만 다인이었다고 한다. 이게 어느 정도의 힘인지 한번 생각해 보자.

지상에서 1kg의 물체를 드는 힘이 어느 정도인지 계산해 보면, 다음과 같다.

$$F=m\cdot g=1\times9.8\fallingdotseq10(\text{뉴턴})=100\text{만 다인}$$

즉, 아톰의 500만 다인이란 5kg의 물체를 받치는 힘에 지나지 않는다. 옛날 로봇이라고는 하지만 힘이 너무 부족해 보인다.

6 파스칼 [Pa]

압력

단위·기호	Pa, mmHg	읽는 법	파스칼, 수은주밀리미터
		의미	물체나 기체를 미는 힘의 지표

의미·정의

일상생활에서는 거의 의식하지 않는 힘, 그 대표적인 것이 압력이다. 공기가 우리를 미는 힘을 기압이라고 한다. 물속에서의 압력은 수압이라고 한다. 심장이 약한 사람은 욕조에 목까지 담그지 말라고 하는데, 수압 때문에 그렇다. 그런 의미에서 심해어는 몇백 미터라는 깊은 바다에 살며 밤낮으로 압력과 싸우는 생활을 계속하는 생물이라고 볼 수 있다.

• 파스칼(Pa)

압력이란 단위 면적당 힘을 말한다. 따라서 압력의 단위인 토르(Torr), 파스칼(Pa), 바(bar), 수은주밀리미터(mmHg) 등도 힘의 단위로 볼 수 있다. 1파스칼(Pa)은 1m^2당 1N의 힘이 되는 압력(N/m^2)이다.

이렇게 생각하면 수압, 유압 등 액압 p는 아래의 식과 같다는 것을 알 수 있다.

$$p=\rho gh$$

단, ρ(로)는 액체의 밀도(kg/m^3), g는 중력 가속도(9.8m/s^2), h는 물체와 수면의 거리, 즉 깊이(m)이다.

• 헥토파스칼(hPa)

헥토파스칼(hPa)은 파스칼의 100배(헥토 배)이다.

1Pa=1/100hPa　　　　　1hPa=100Pa

• 수은주밀리미터(mmHg)

수은이 담긴 통에 유리관을 세우고, 그 유리관 속을 진공으로 만들면 수은이 유리관으로 빨려 들어가 유리관 내부에서 상승한다. 유리관 내부의 기압이 낮을수록 더 잘 빨려 들어가서 수은주의 높이가 높아진다.

이때 수은주의 높이로 기압(압력)을 나타내는 것이 수은주밀리미터(mmHg)이다. 수은의 비중은 13.6이다. 즉 수은주의 무게(비중 13.6×면적×높이)가 공기를 누르는 힘(기압)과 같아질 때까지 수은은 계속 빨려 들어가고 수은주의 높이가 상승한다고 할 수 있다.

토리첼리의 실험(토리첼리 진공)에 따르면 이 높이는 760㎜라고 한다. 즉 $13.6\times1\times760\times10^{-2}\times9.8=1013$헥토파스칼(147페이지 참조)이 된다.

토리첼리의 실험

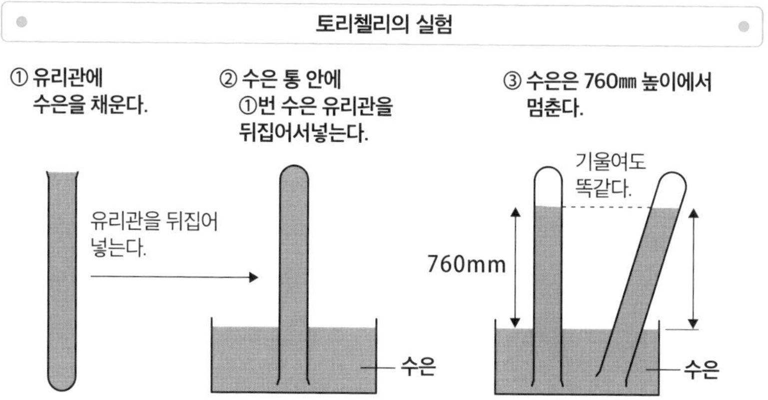

7 줄 [J]

에너지

단위 · 기호			
단위 · 기호	J	읽는 법	줄
		의미	일을 하는 능력

의미 · 정의

에너지(E)라는 단어는 일상생활에서도 다양한 의미로 쓰기 때문에 "에너지란 구체적으로 무엇을 말하나요?"라는 질문을 받으면 대답하기가 의외로 어렵다.

이런 경우에는 구체적인 예를 들어 생각하는 편이 좋다. 이를테면 열에너지, 전기 에너지, 빛 에너지 등을 생각하면 이미지가 떠올라 감각적으로도 이해하기 쉬워진다. 즉, 에너지라는 것은 '개념'이고, 그것이 구체적인 형태로 된 것이 열, 전기, 빛인 것이다.

에너지란 일을 하는 능력이다. 일을 하면 에너지는 줄어든다. 요컨대 에너지는 일과 똑같은 셈이다.

• 줄(J)

에너지의 기본 단위는 줄(J)이다. 1J의 정의는 **1N의 힘이 그 힘의 방향으로 물체를 1m 움직일 때의 일**이다. 그러니까 아래와 같다.

$$1J=1N\times1m=1N\cdot m=(1kg\cdot m/s^2)\cdot m=1kg\cdot m^2/s^2$$

• 에르그(erg)

앞에서 말한 줄(J)은 MKS 단위인데, 에르그(erg)는 그 줄을 cgs 단위로 옮긴 것이다. 245페이지에서 아래와 같이 정의했다.

$1dyn=10^{-5}N$, $1cm=10^{-2}m$

따라서 아래와 같다.

$1erg=1dyn\times 1cm=10^{-5}N\times 10^{-2}m=10^{-7}J$

반대로 $1J=10^{7}erg$이다.

• 칼로리(cal, Cal)

1칼로리(1cal)는 1g의 물 온도를 1℃ 올리는 데 드는 에너지이며, 1cal=4.184J 이다.

사실 칼로리(cal)에는 여러 종류가 있다. 물 온도를 1℃ 올리는 데 필요한 에너지는 물 온도에 따라 달라진다. 따라서 0℃의 물을 기준으로 했을 때와 25℃의 물을 기준으로 했을 때는 칼로리의 값이 다르다. 그래서 각각을 cal0, cal25 등으로 써서 구별해야 한다.

1cal=4.184J로 정하는 것은 **정의 칼로리** 혹은 **열역학 칼로리**라고 부르는 것으로, 계량법에서 쓰고 있다.

그래서 이공학 분야에서는 칼로리를 쓰지 않지만 영양과 관련된 분야나 일상생활에서는 쓰고 있다. 한편, 칼로리는 cal과 Cal로 표시한다. Cal은 대칼로리라고 읽는데, 1,000Cal=1kCal를 의미한다.

• 전자볼트(eV)

광자, 전자, 원자 등의 에너지를 잴 때 쓰는 단위가 전자볼트(eV)다. 1eV의 정의는 '전자 1개가 진공에서 전위차 1V인 전극 사이에서 가속될 때 얻는 에너지'이다. 그 값은 아래와 같다.

$1eV=1.602176462\times 10^{-19}J$(줄)

단위 · 기호의 유래

줄(J)은 줄열을 연구한 영국의 과학자 제임스 줄(James Prescott Joule, 1818~1889)의 이름에서 유래했다. 에르그(erg)는 '일'을 의미하는 그리스어 ergon에서 따왔다. 마지막으로 칼로리는 '열'을 의미하는 라틴어 calor가 그 유래이다.

쓰이는 분야

줄(J), 에르그(erg), 전자볼트(eV)는 일상생활에서 쓸 일이 거의 없지만, 칼로리(cal)만은 다르다. 성인이 하루에 필요로 하는 칼로리는 1800~2200kcal라고 한다. 하지만 칼로리라는 단위는 불명확한 점이 있는 단위여서, 앞으로는 줄로 환산해서 쓰는 편이 나을지도 모른다. 그래서 다음 예제를 통해 칼로리(cal)와 줄(J)을 환산해 보기로 한다.

예제 하루 2,000kcal라는 필수 칼로리를 줄(J)로 나타내면 얼마가 될까?

정답 1칼로리(1cal)는 249페이지에도 나와 있듯 '물 1g의 온도를 1℃ 올리는 데 드는 에너지'로, 1cal=4.184J이라고 했다. 따라서 아래와 같다.

2,000kcal=2,000kcal×4.184J=8,368kJ

어림셈으로 할 때에는 '칼로리의 4배가 줄이다'라고 생각하면 편하리라.

8 와트 [W]

일률

단위·기호			
W	읽는 법	와트
	의미	단위 시간 안에 하는 일의 양

의미·정의

일률(W)은 공률(工率) 또는 파워(Power)라고 부르기도 한다. 즉, 단위 시간 안에 일을 어느 정도로 했는지, 에너지를 얼마만큼 썼는지 나타내는 양이다.

• 와트(W)

1초 동안 1J의 에너지가 소비되었을 때 일률을 1W라고 한다.

$$1W=1J/s$$

예제 **1㎏짜리 물체를 2초 동안 1m만큼 들어 올렸을 때, 그 일률을 계산하시오.**

정답 이 일에 쓴 에너지는, 아래와 같다.

$$1kg \times 9.8m/s^2 \times 1m = 9.8kg \cdot m^2/s^2 = 9.8J$$

이를 2초 동안 했으니, 계산하면 아래와 같다.

$$9.8J \div 2s = 4.9W$$

• 마력(영국: hp, 프랑스: PS, hk)

마력에는 미터법을 바탕으로 한 프랑스마력(PS)과 야드파운드법을 바탕으로 한 영국마력(hp)이 있다. 우리나라에서는 특수한 용도에 한해서 프랑스마력만 인정하고 있다.

- **프랑스마력(PS, hk)**: 75kgf(kg중)의 무게를 1초 동안 1m 들어 올리는 일률 (75kgf · m/s)

  1PS≒735.5W

- **영국마력(hp)**: 550lb(파운드)의 무게를 1초 동안 1ft(피트) 들어 올리는 일률 (550lbf · ft/s)

  1hp≒745.7W

단위 · 기호의 유래

와트(W)는 증기기관 연구자인 제임스 와트(James Watt, 1736~1819)의 이름에서 유래했다. 마력은 말 그대로 말의 힘을 단위로 삼은 것인데, 이것 역시 와트가 고안했다고 한다.

쓰이는 분야

모든 가전제품은 그 능력을 와트(W)로 표시하는 것을 보아 알 수 있듯 와트는 전기와 관련하여 몹시 큰 활약을 펼치고 있다. '100W인 전구는 60W보다 밝다' 하고 소비자들의 마음을 감각적으로 파고든다.

와트의 단위는 W=J/s이다. 따라서 에너지 J은 '와트×시간'이다. 전기 요금은 Wh(와트아워, 와트시), 즉 와트(W)에 사용 시간(h)을 곱한 값으로 청구한다. 이것은 사용한 전기 에너지에 대한 청구서이다.

COLUMN 25

사라진 단위, 마력

요즘은 경마 같은 데서나 말을 보는 정도이지만, 옛날에는 말이 중요한 동력원이었다. 마차는 물론이고 농사를 지을 때도, 맷돌을 돌릴 때에도 말의 힘을 빌렸다. 제임스 와트가 활약한 18세기부터 19세기에 걸쳐서는 일을 마력과 비교하는 것이 무척 이해하기 쉬운 예시였다.

그러면 근처에 있는 물체의 일률을 마력 단위로 살펴보자.

우선 우리 자신은 몇 마력 정도일까? 사람은 0.2~0.3마력이다. 업무용 에어컨이 1.5~20마력 정도이다. 또 현대 자동차 아반떼스포츠도 대략 92마력쯤 된다.

그런데 우리가 실제로 '마력'이라는 단어를 들을 수 있는 것은 만화영화 〈우주 소년 아톰〉의 주제가 정도 밖에 없다. 아톰의 힘은 처음에 10만 마력이었는데, 나중에 오차노미즈 박사가 개량하여 100만 마력이 된다. 그래서 이에 따라 노래 가사도 바뀌었다.

9 베크렐 [Bq]

방사선

단위 · 기호	읽는 법	베크렐, 퀴리
Bq,Ci	의미	방사선 양(개수)의 지표

의미 · 정의

원자핵 속에는 불안정한 것이 있어서 자신의 일부 혹은 여분의 에너지를 방출해 안정적인 원자핵으로 변한다. 이러한 변화(원자핵 반응)를 원자핵 붕괴라고 말한다. 원자핵 붕괴를 일으키는 원자(동위원소)를 방사성 동위원소, 그 원자를 포함한 물질을 방사성 물질이라고 한다.

• 방사성 물질, 방사선, 방사능

방사성 물질이 방출하는 원자핵의 일부 혹은 에너지를 방사선이라고 하며, 물질이 방사선을 방출하는 성질을 방사능이라고 한다. 즉, 모든 방사성 물질은 방사능을 가지고 있다.

야구를 예로 들어 설명하면 투수가 방사성 동위원소, 공이 방사선에 해당한다. 요컨대 직접적으로 위험한 것은 '방사선'(공)이고, 그것을 방출하는 것이 '방사성 동위원소'(투수)이다. 이 경우 '방사능'이란 투수의 능력으로, 이른바 개념이지 물질(공) 그 자체가 아니다. 방사선에는 α선(^{4}He의 원자핵), β선(전자), γ선(고에너지 전자파), 중성자선 등이 있다. 이러한 방사선의 양(개수)을 나타내는 지표는 다음과 같이 여러 가지가 있다.

• 베크렐(Bq, 방사선량)

베크렐(Bq)은 1초 동안 몇 개의 방사선이 방출되는지 나타낸 수치이다. 1초간 1개의 방사선이 방출되면 1Bq라고 쓴다. 방사선의 종류, 에너지와는 상관없다.

• 디피에스(dps)

디피에스(dps)는 disintegrations per second의 약어로 의미는 베크렐과 같다. 하지만 현재는 법정 계량 단위에서 제외되었다.

1dps=1Bq

• 퀴리(Ci)

베크렐(Bq)과 마찬가지로 1초 동안 방사되는 방사선의 개수를 나타내는 단위인데, 양의 단위가 다르다. 이것 역시 현재 법정 계량 단위에서 제외되었다.

$1Ci=3.7\times10^{10}Bq$

단위 · 기호의 유래

베크렐(Bq)은 방사선을 연구한 프랑스의 과학자 베크렐(Antoine Henri Becquerel, 1852~1908)에서, 퀴리(Ci)는 방사성 물질을 연구한 폴란드의 과학자 퀴리 부인(Marie Curie, 1867~1934)에서 이름을 따왔다.

쓰이는 분야

방사선을 다루는 연구자는 늘 방사선에 피폭되지 않도록 조심해야 하므로, 자신의 몸에 적당한 센서를 달고 늘 방사선량, 피폭 정도를 체크한다.

또 원자로 사고가 일어나면 주위 마을 주민들까지 큰 피해를 보는 만큼, 광범위한 지역에서 방사선량을 계속 계측해야 한다.

10 그레이 [Gy]

방사선의 영향력

단위·기호	읽는 법	그레이, 시버트
Gy, Sv	의미	방사선이 인체에 미치는 영향을 나타내는 지표

의미·정의

방사선은 모두 고에너지로, 인체에 유해하고 때로는 생명을 위협할 만큼 위험하다. 이러한 방사선의 유해성을 나타내는 몇 가지 지표가 있다.

• 그레이(Gy, 흡수선량, 선흡수량)

방사선의 종류와는 상관없이, 생체에 흡수된 방사선 에너지양을 나타내는 수치를 **흡수선량(Gy)**이라고 한다. 몸무게 1kg당 1J이 흡수되었을 때를 1Gy로 한다.

$$1Gy = 1J/kg$$

• 선질계수

같은 에너지 방사선이라도 실제로 인체에 미치는 영향은 방사선의 종류에 따라 차이가 있다. 이를테면 전하(+2)도 질량(질량수 4)도 큰 α선($^4He^{+2}$)은 γ선(전하 −1, 질량 수 0)의 20배나 유해하다.

이러한 유해성의 상대치를 나타낸 것을 **선질계수**라고 한다. 선질계수는 α선(20), 중성자선(10), β선(1), γ선(1)이다. 그 정의대로 객관적이지는 않고 대체로 의학적·생리학적인 수치이다.

• 시버트(Sv, 선량당량)

실제로 인체에 해로운 정도는 앞 페이지에서 설명한 흡수선량과 선질계수의 곱으로 나타낸다. 이 수치를 선량당량이라고 부른다. 선질계수가 들어 있으므로 객관성은 부족하지만, 방사선의 유해성을 나타내는 척도로 잘 쓰인다.

• 뢴트겐(R)

공기 중에 방사선을 비추면 원자에서 전자가 박리되어 이온이 발생한다. 뢴트겐의 정의는 조금 긴데, '1뢴트겐은 방사선 조사에 의해 표준 상태(STP)인 공기 1㎤당 1정전 단위(esu)의 이온 전하가 발생했을 때 방사선의 총량'이다.

한편, 1정전 단위인 이온 전하는 전자 2.08×10^9개에 해당한다. 즉, 뢴트겐이 나타내는 것은 방사선 에너지이고, 그레이에 해당하는 셈이다. 그레이와의 환산은 다음 식과 같다.

$$1R = 8.77 \times 10^{-3}Gy = 8.77mGy$$

하지만 이 단위는 국제 단위계에 채택되지 않았다.

• 래드(rad)

래드는 흡수선량을 나타내기 때문에 그레이(Gy)와 같은데, 그레이의 1/100 크기이다. 현재는 그레이로 통일되었다.

$$1rad = (1/100)Gy$$

• 렘(rem)

선량당량을 가리키기 때문에 시버트(Sv)와 같은데, 시버트의 1/100 크기이다. 현재는 시버트로 통일되었다.

$$1rem = (1/100)Sv$$

단위 · 기호의 유래

그레이는 방사선 물리학을 창시한 영국의 과학자 그레이(Louis Harold Gray, 1905~1965), 뢴트겐은 X선을 발견한 독일의 과학자 뢴트겐(Wilhelm Konrad Röntgen, 1845~1923), 시버트는 방사선 방호를 연구한 스웨덴의 과학자 시버트(Rolf Maximilian Sievert, 1896~1966)의 이름을 본떠 만들었다. 그리고 래드는 방사를 의미하는 영어 radiation에서, 렘은 영어 roentgen equivalent in man and mammal에서 유래한 이름이다.

쓰이는 분야

방사선 피해가 일어났을 때 중요한 것은 선량당량 시버트이다. 이것은 방사선이 인간에게 미치는 피해의 크기를 나타내는 단위여서, 시버트의 양과 피해 정도가 거의 일치한다. 다만, 시버트 그 자체로는 단위가 너무 크기 때문에 보통은 그 1,000분의 1인 밀리시버트(mSv)를 사용한다.

자연계에는 우주선의 방사선, 지구 내부에서 일어나는 원자핵 붕괴 반응에 의한 방사선이 있고, 나아가 사람 몸 안에서 일어나는 원자핵 반응에 의한 내부 피폭 등도 있어서 사람은 연간 2.4mSv 정도의 방사선에 노출된다고 해도 과언이 아니다.

하지만 피폭량이 문제가 되는 것은 원전 사고와 같은 경우이다. 일반적인 피폭량을 밀리시버트로 나타낸 값과 그에 따라 생기는 피해 정도는 아래와 같다.

150mSv: 가벼운 수준의 메슥거림

1,000mSv: 림프구 감소

5,000mSv: 설사, 출혈, 일시적인 탈모

1만mSv: 의식 장애

5만mSv: 전신 장애, 48시간 이내에 사망

제2부

특수한 세계의 단위와 기호

자연 양자 세계 주기율표 화학 공학 우주

CHAPTER

13

우주를 알기 위한 단위와 기호

1 소립자 [u, d…]

소립자

단위·기호			
u,d…	읽는 법	업쿼크, 다운쿼크…
	의미	우주를 형성하는 17종류 소립자의 기호

의미 · 정의

· 궁극의 물질은 '원자'?

'우주의 물질계'를 만드는 궁극의 물질은 소립자인데, 멘델레예프 때는 '원자'라고 알려져 있었다. 그러다가 19세기에 들어가 실험 과학이 발전하면서 원자는 궁극의 입자가 아니고, 원자핵(nucleus: 기호 N)과 전자(e)라는 두 종류의 입자로 이루어져 있다는 사실이 밝혀졌고, 나아가 원자핵은 양성자(p)와 중성자(n)라는 두 종류의 입자로 이루어져 있다는 것도 알게 되었다. 즉, 원자는 양성자 p, 중성자 n, 전자 e라는, 고작 세 종류의 입자로 이루어져 있는, 단순해서 알기 쉬운 복합 입자라는 사실이 '분명히' 드러난 것이다.

이렇게 되면 원자는 다른 원자로 변화할 수 있다는 사실, 즉 연금술이 가능하다는 것을 추측할 수 있다. 실제로 20세기에 들어와 그것을 실제로 입증하기에 이르렀다.

그 후 많은 핵실험 결과를 조합 검정한 결과, 양성자와 중성자도 복합 입자라는 사실이 밝혀졌다. 그 결과 만약 '양성자와 중성자와 전자 모두 결국 같은 소립자의 조합으로 이루어졌다'고 결론이 내려지면 다행이겠지만 그리 간단하지는 않았다.

밝혀진 사실은 다음과 같은 것이었다. 요컨대 '모든 원자는 소립자라는 궁극의 입자로 이루어져 있고, 그 종류는 17개이다'라는 것이다.

그러니까 우주는 양성자, 중성자, 전자라는 세 종류의 입자만이 아니라, 무려 17종류나 되는 입자의 조합으로 이루어져 있는 셈이다.

• 소립자의 종류

밝혀진 소립자 17종류의 이름과 기호는 다음 표와 같다. 그리고 그 소립자들은 다음과 같이 몇 가지 그룹으로 나눌 수 있다.

첫 번째로 소립자는 보손 입자(그림의 오른쪽)와 페르미 입자(왼쪽)로 나눌 수 있다. 소립자는 각운동량을 가지고 그 값은 $h/2\pi$를 단위로 나타낼 수 있는데, 보손 입자는 각운동량이 이 단위의 '정수배'인 입자이며, 페르미 입자는 각운동량이 반정수배(1/2, 3/2, 5/2…)인 것을 말한다.

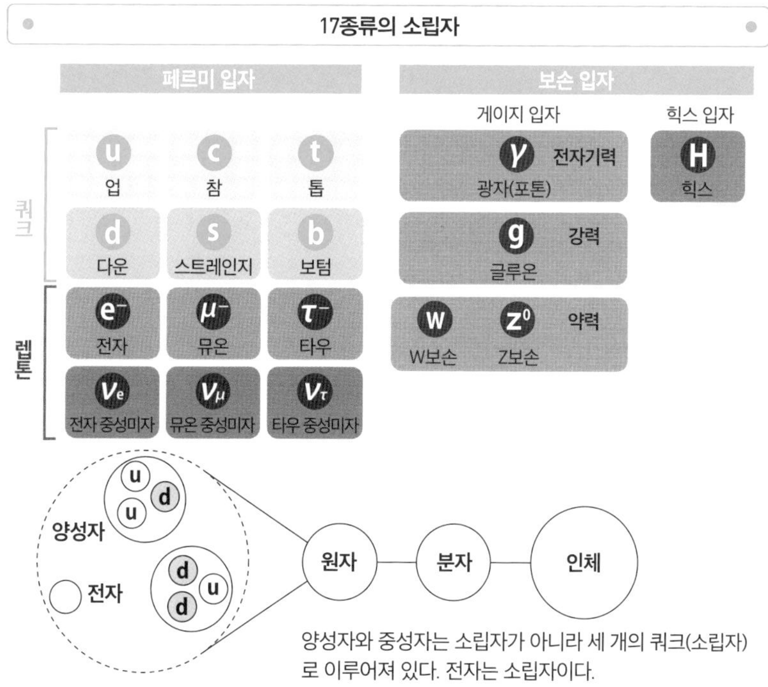

양성자와 중성자는 소립자가 아니라 세 개의 쿼크(소립자)로 이루어져 있다. 전자는 소립자이다.

페르미 입자는 물질을 만드는 소립자이고, 보손 입자는 소립자 사이의 상호 작용을 전달하는 소립자이다.

각 소립자 사이의 상호 작용은 앞 페이지 그림에 나와 있다. 하지만 안타깝게도 이것들은 아직 '사실'이라는 인정을 받지 못해, 단순히 추론 영역에 있다. 현재까지 여기서 소개한 것은 '표준 이론'이라고 부르며, 마찬가지로 유력한 추론에 '초끈 이론'도 있다.

다시 말해서 우주는 아직 그 모습을 완전히 알 수 없는 것이다. 하지만 극소라고 할 수 있는 원자와 무한대라고 말할 수 있는 우주가 결국에는 같다는, 일본 유명 만화가 데즈카 오사무의 《불새》 속 세계관이 실재할 수 있는 것은 아닐까?

단위 · 기호의 유래

쿼크라는 이름은 쿼크 모델(양성자와 중성자를 구성하는 기본 입자) 제창자 중 한 사람, 미국의 머리 겔만(Murray Gell–Mann, 1929~)이 지었다. 겔만은 소설가 제임스 조이스(James Joyce, 1882~1941)의 작품 《피네간의 경야(Finnegans Wake)》 속에서, 새가 "quark! quark! quark!" 하고 세 번 운 것과 당시에 쿼크가 세 종류로 추정되었다(업u, 다운d, 스트레인지s가 발견)는 점 때문에 '쿼크'라는 이름을 지었다고 한다(나중에 고바야시 마코토와 마스카와 도시히데가 3세대 6종류라는 사실을 밝혔다).

마지막으로 전자 등 렙톤은 그리스어로 '가볍다'를 뜻하는 leptos에서 유래했다고 한다.

2 등급 [m]

등급

단위·기호	읽는 법	등급(겉보기 등급)
m	의미	별의 밝기를 나타내는 지표

의미 · 정의

밤하늘에는 밝은 별도 있는가 하면 어두운 별도 있다. 별의 등급(겉보기 등급 m)은 이러한 별의 밝기를 수치로 나타낸 것이다. 그 정의는 다음과 같다.

별의 밝기를 1등급, 2등급 등으로 나타내고 각 등급 사이의 비를 100의 다섯제곱근, 즉 $\sqrt[5]{100}$으로 한다.

즉, 별의 '눈에 보이는 밝기'를 나타내는 단위가 '등급(겉보기 등급)'이다.

이 정의에 따르면 1등성은 2등성보다 약 2.5배 밝고, 2등성은 3등성보다 약 2.5배 밝다. 또 1등성보다 밝은 별은 0등성, 마이너스 1등성(−1등성), 마이너스 2등성(−2등성)이 된다.

단위 · 기호의 유래

고대 그리스의 천문학자 히파르코스(Hipparchos, B.C. 190경~B.C. 120경)는 별의 밝기에 등급을 붙였다. 그러니까 맨눈으로 봤을 때 가장 밝은 별의 그룹을 1등성, 가장 어두운 별을 6등성이라고 했다.

현대 천문학이 개화하기 시작한 1830년 무렵, 영국의 천재 천문학자 허셜(William Herschel, 1738~1822)은 1등성과 6등성 사이의 밝기 비가 거의 100배라는 사실을 깨달았다. 이것을 바탕으로 영국의 천문학자 포그슨(Norman

Robert Pogson, 1829~1891)이 1등성과 5등성 사이를 정확하게 100배라고 정하고 현재의 등급을 만들었다.

쓰이는 분야

별의 밝기 등급은 천문학자 사이에는 필수인 척도이다. 그에 따르면 가장 밝은 별은 큰개자리의 시리우스로 −1.47등성이다. 또 태양은 −26.7등급, 보름달은 −12.7등급, 반달이 −10등급 전후이다.

한낮에 맨눈으로 볼 수 있는 천체 중 최소 등급은 −4등급이다. 만약 인공위성이 보였다면 그것은 −4등급보다 밝다는 뜻이다.

COLUMN 26

베들레헴의 별

별에 관한 이야기와 전설은 아주 많이 있는데, 베들레헴의 별도 그중 하나이다. 성서에 따르면 아기 예수가 베들레헴에서 탄생한 후, 동쪽 나라에서 아무도 본 적 없는 별이 서쪽 하늘에 떴다고 한다. 이를 본 세 박사가 유대인의 왕이 태어났다는 사실을 알고 그 별을 향한 여행을 시작했고, 별이 멈춘 곳 아래에서 어머니 마리아에게 안겨 있는 예수를 보았다. 그래서 그에게 경의를 표하며 경배했다고 한다.

이 별은 과연 무엇이었을까? 예부터 많은 천문학자가 별의 정체를 알아내려고 애써 왔다. 혜성, 초신성 폭발, 어느 것 하나도 예수 탄생 무렵에는 기록이 없었다. 기원전 7년에 토성과 목성이 접근했다는 기록은 있으나, 그것 때문에 특별히 밝게 빛나 보일 리도 없고, 게다가 예수 탄생 전에 일어난 일이다. 그리하여 이 이야기는 작가의 상상으로 지어진 게 아닐까 하는 것이 다수의 견해이다.

3 절대 등급 [M]

절대 등급

단위·기호			
M	읽는 법	엠
	의미	별의 절대적 밝기의 지표

의미 · 정의

앞에서 별의 밝기 '등급'은 사람의 눈으로 판정한다고 했다. 하지만 그러면 개인차가 생겨 버리고 만다. 그래서 현재는 카메라와 광도계를 이용해 등급을 매긴다. 다만 이 경우에도 기계와 렌즈가 느끼는 빛이 사람과 다르기 때문에 사람이 정한 등급과 기계가 정한 등급 사이에 오차가 발생한다.

또 기계에 따른 등급이라도 별이 내는 광선 중에 어느 파장의 빛을 이용하느냐에 따라 등급 차이가 있다. 그래서 측정에 이용하는 파장에 따라 안시 등급(V), 자외등급(U) 등 세세하게 분류했다. 이러한 등급을 사진 등급이라고 하고, 사람의 눈으로 정한 등급은 실시 등급이라고 한다.

이러한 등급은 '겉보기 밝기'를 바탕으로 한 상대적인 것이다. 왜냐하면 어떤 광원이라고 해도 가까이에 있으면 밝게 보이고(달도 밝게 보인다), 멀리 있으면 어둡게 보이기 때문이다.

별의 밝기는 거리 제곱에 반비례한다. 그러니까 거리가 10배면 밝기는 $1/10^2$, 즉 1/100까지 어두워져서 등급으로 치면 5등급이 떨어진다.

그래서 모든 별을 지구에서 같은 거리(10파섹=32.6광년. '파섹'에 대해서는 271페이지 참조)에 두고 비교한 것을 절대 등급(M)이라고 부른다. 절대 등급은 지구에서의 거리를 d파섹, 겉보기 등급을 m이라고 할 때 다음과 같다.

$M=m+5-5\log_{10}d$ …①

태양의 경우를 계산해 보자. 태양까지의 거리는 약 1억 5000만 ㎞이다. 1파섹(pc)은 3.26광년이다. 빛은 1초간 30만 ㎞를 나아가고, 1년을 365.2425일이라고 하면(어림수) 1파섹은 아래와 같다.

$$1\text{pc}=3.26\times(3.0\times10^5)\times3600\times24\times365.2425$$
$$=3.086\times10^{13}\text{km}$$

따라서 태양까지의 거리를 파섹으로 나타내고 그것을 d라고 하면,

$$d=\frac{1.5\times10^8}{3.086\times10^{13}}=4.86\times10^{-6} \quad \cdots②$$

여기서 태양의 겉보기 등급 $m=-26.7$(264페이지 참조), ②식의 $d=4.86\times10^{-6}$을 각각 ①식에 대입하면,

$$M=-26.7+5-5\log_{10}(4.86\times10^{-6})$$

여기서, log10$(4.86\times10^{-6})=-5.313$이므로,

$$M=-26.7+5-5\times(-5.313)=4.865$$

계산상으로는 태양의 절대 등급이 4.865가 되고(정확하게는 4.83), 겉보기 등급인 −26.7과 몹시 차이가 나 버린다.

쓰이는 분야

겉보기 등급과 절대 등급을 알면 그 별이 지구에서 떨어진 거리를 알 수 있다. 이렇게 해서 구한 거리를 바탕으로 우주 지도를 만들 수 있다.

4 라디안 [rad]

시차

단위·기호			
	rad	읽는 법	라디안
		의미	같은 천체를 두 장소에서 봤을 때 각도 차이

의미·정의

같은 것을 다른 두 장소에서 봤을 때 각도 차이 θ가 발생한다. 이것이 바로 시차이다. 사람에게는 눈이 두 개 있어서 물체를 볼 때 같은 것을 늘 두 군데에서 보는 셈이고, 무의식중에 시차를 재고 있다. 측정한 두 곳(두 눈의 거리)과 시차를 알면 삼각 측량의 원리에 따라 물체의 거리를 알 수 있다.

천체(별)의 거리를 측정할 때도 이 시차 원리를 이용한다. 이 경우 시차가 클수록, 그러니까 두 측량 지점의 거리가 클수록 오차는 적어진다.

rad(라디안)과 시차

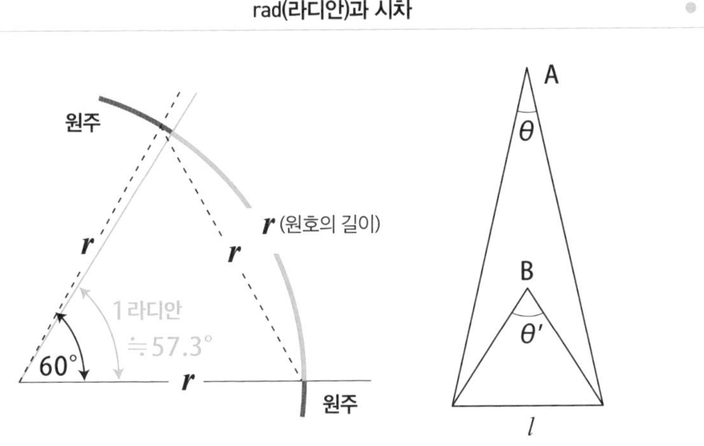

지구에서 생활하는 우리 인간이 시차를 이용하려면 어떻게 해야 좋을까? 간단한 것은 장소를 이동하면서 거리를 버는 것인데, 여기에는 한계가 있다. 그래서 지구의 자전을 이용한다. 이 경우 같은 관측 지점에서 시간을 바꾸면, 자전 때문에 큰 이동 거리를 벌 수 있다. 이러한 시차를 **지심 시차**라고 부른다. 지심 시차는 행성 등 비교적 단거리에 있는 천체 측정에 이용한다.

별(항성)처럼 거리가 먼 경우에는 지구 공전을 이용한다. 즉, 하루하루 지나고 계절이 바뀌면 지구는 황도(지구가 태양 주위를 도는 큰 궤도)의 다른 지점에 있게 되므로, 측정 위치가 크게 달라지는 것이다.

단위 · 기호의 유래

단위는 각도를 나타내는 라디안(rad)을 쓴다.

쓰이는 분야

가까운 사용 사례로는 레인지파인더카메라의 초점을 맞출 때이다. 두 곳에 있는 파인더 렌즈의 각도를 조절해서 피사체의 거리를 잰다. 이 원리를 이용한 것을 일반적으로 '측거의'라고 부른다.

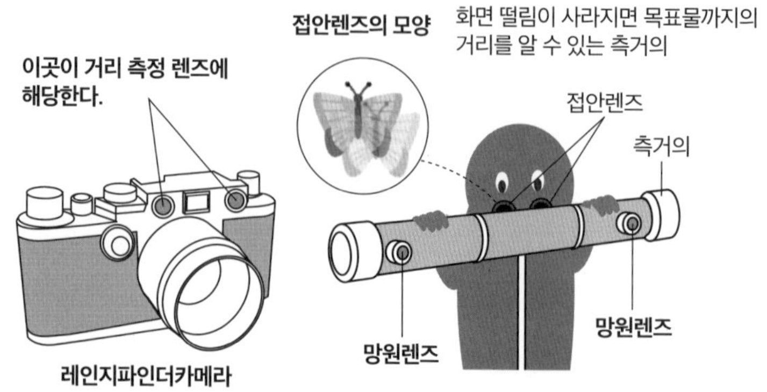

5 천문단위 [AU]

천문단위

단위·기호	읽는 법	에이유
AU	의미	천체 간의 거리를 측정하는 단위(약 1억 5,000만 ㎞)

의미 · 정의

천체 사이의 엄청난 거리를 나타낼 때에는 일반적으로 쓰는 미터 단위로는 너무 짧다. 이럴 경우에 쓰는 대표적인 단위가 천문단위(AU), 광년(LY), 파섹(pc)이다.

천문단위(AU)는 지구와 태양의 평균 거리를 기준으로 정해진 거리인데, 1AU=149,597,870,700m, 즉 약 1억 5,000만 ㎞라고 한다. 이는 천문적 거리라고 하기에는 짧아서, 오직 태양계에서의 거리 표시에 쓰이고 있다.

단위 · 기호의 유래

천문단위의 기호 AU는 astronomical unit의 약어이다.

천문단위, 광년, 파섹의 환산

미터(SI 단위계)	천문단위(AU)	광년(LY)	파섹(pc)
1 m＝1	6.68459×10^{-12}	1.05700×10^{-16}	3.24078×10^{-17}
1 au≈1.49598×10^{11}	1	1.58125×10^{-5}	4.84814×10^{-6}
1 ly≈9.46073×10^{15}	6.32411×10^{4}	1	3.06601×10^{-1}
1 pc≈3.08568×10^{16}	2.06265×10^{5}	3.26157	1

6 광년 [LY]

천체 간 거리의 단위

단위 · 기호			
LY	읽는 법	광년
	의미	빛이 1년 동안 나아간 거리

의미 · 정의

자기장이나 전기장의 영향을 받지 않는 공간을, 광자가 1율리우스년(365.2425일) 동안 날아가는 거리를 기준으로 정한 것이다.

1광년=9,460,730,472,580,800m(약 9조 4,600억 ㎞)

상상하기도 힘든 거리인데, '빛이 1년 동안 나아간 거리'라는 것은 느낌상으로도 이해하기 쉽다. 이를테면 우리 은하계의 지름은 10만 광년이므로 광속으로 날아가도 10만 년이 걸린다.

단위 · 기호의 유래

광년(LY)은 '빛이 1년 걸려 도달하는 거리(light year)'라는 의미이다.

쓰이는 분야

아래에 나오는 천체까지의 거리 혹은 지름은 광년으로 외워 두면 편하다.

① 은하계의 지름: 10만 광년

② 가장 가까운 별 켄타우루스자리 α별: 4.24광년

③ 가장 가까운 은하계 이외의 대은하(안드로메다은하): 230만 광년

7 파섹 [pc]

파섹

단위·기호			
pc	읽는 법	파섹
	의미	인류가 만든 가장 긴 거리 단위 (약 3.26광년)

의미·정의

인류가 만든 가장 긴 거리 단위, 그것이 바로 파섹(pc)이다. 1pc는 1AU의 거리에 있는 두 지점에서 별 하나를 보아 그 **시차가 1초(1도의 1/3,600)일 때 그 별까지의 거리**로 정의한다. 구체적인 길이는 약 3.0857×10^{16}m이고, 1pc=약 3.26광년이다.

단위·기호의 유래

파섹(pc)의 유래는 시차 parallax와 초 second를 합친 말로, 정의 그 자체이다.

파섹(pc)의 의미

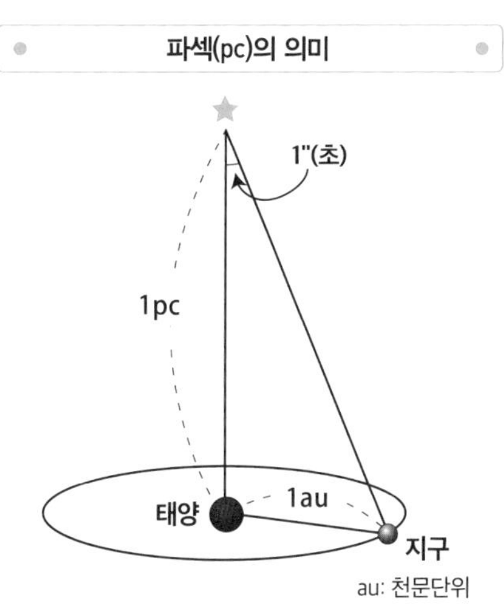

8 적색 편이 [z]

적색 편이

단위·기호			
	z	읽는 법	제트
		의미	우주에서 오는 빛의 파장이 길어지는 지표

의미 · 정의

형광등은 유리관 안에 들어 있는 수은(Hg)이 열에 증발하고 전기 에너지를 받아 환하게 빛난다. 네온사인은 네온 원자(Ne)가 전기 에너지이기 때문에 환하게 빛난다. 이처럼 원자는 적당한 에너지를 받으면 고유의 파장인 빛을 내뿜는다.

• 적색 편이

우주에 가장 많이 있는 원자는 수소 원자(H)이다. 수소도 우주선 등의 적당한 에너지를 받아 특유의 파장인 빛을 내뿜고, 이것이 지구에 닿는다. 그런데 우주에서 오는 수소 빛의 파장을 지구상의 것과 비교해 보면 파장이 길어지는, 요컨대 붉은 빛에 가까워진다. 이러한 현상을 **적색 편이(z)**라고 한다.

파장 λ의 빛이 $\Delta\lambda$만 적색 편이 했을 때, 다음 식의 z를 적색 편이 양으로 정의한다.

$$z=\Delta\lambda/\lambda$$

• 적색 편이의 원인

적색 편이가 일어나는 원인은 두 가지가 있다. 하나는 중력 때문이고, 또 다른 하나는 우주 팽창 때문이라고 볼 수 있는데, 크게 영향을 주는 것은 후자 쪽이다.

적색 편이는 간단히 말하면 빛의 도플러 효과이다. 도플러 효과란 가까이 다가오는 사이렌 소리는 높게(단파장) 들리지만, 멀어지는 소리는 낮게(장파장) 들리는 것이다. 이것과 마찬가지로, 우주에서 오는 수소의 파장이 길어졌다는 것은 그 수소가 지구로부터 점점 멀어지고 있음을 가리킨다. 그 멀어지는 속도는 적색 편이의 양 z로 구할 수 있다.

• 허블 법칙

미국의 천문학자 에드윈 허블(Edwin Powell Hubble, 1889~1953)은 여러 천체에서 날아온 수소 빛의 적색 편이를 조사하여 그 멀어지는 속도 v와 지구와 그 천체 사이의 거리 D에는 다음과 같은 상관관계가 있음을 발견하였다. 이를 허블 법칙이라고 부른다.

$$v=H_0D$$

여기서 H_0은 허블상수이다. 이 식은 지구에서 먼 별일수록 빠른 속도로 멀어지고 있음을 나타내고 있다. 즉 극한까지 먼 별은 극한의 속도, 그러니까 광속으로 멀어지고 있다는 의미이다.

• 천동설?

지구를 중심으로 천체가 멀어지고 있다는 소리를 들으면 '지구가 우주의 중심에 있나?' 하고 천동설의 부활을 의심할지도 모른다. 하지만 그렇지 않다. 풍선에 매직으로 1㎝마다 똑같은 간격으로 세 군데에 ABC 표시를 해 보자.

풍선에 바람을 불어 넣으면 표시 간의 거리가 점점 멀어진다. A를 중심으로 보면 B와 C가 함께 멀어지는 것처럼 보이고, B를 중심으로 생각하면 A와 C가 멀어지는 것처럼 보인다. 지구가 우주의 중심은 아닌 것이다.

태양 질량 [$M_\odot$]

태양 질량을 기준으로 한 별의 무게

단위·기호			
$M_\odot$	읽는 법	**태양 질량**
	의미	**태양의 질량을 1로 본 천문학적 질량 단위**

의미·정의

천문학은 별을 연구 대상으로 하는 학문이다. 별의 질량은 우리가 일상적으로 쓰는 질량인 그램, 킬로그램, 톤 등으로 나타내기에는 자릿수가 너무 크다.*

그래서 천문학 연구용으로 생각해 낸 질량 단위가 별의 한 종류인 태양 질량(Solar mass)이다. 태양 질량을 기준으로 해서 '태양의 몇 배인가?'로 별의 무게를 나타내는 것이다. 1 태양 질량은 아래와 같다.

$$1M_\odot=(1.9884\pm0.002)\times10^{30}\text{kg}$$

단위·기호의 유래

$M_\odot$에서 M은 질량(mass)을 나타낸다. 그리고 ⊙는 문자가 아니라 태양을 나타내는 기호이다. 먼 옛날부터 인류는 태양을 이 기호로 나타냈기 때문에 채택했다. $M_\odot$ 이외에도 $M_\circ$ 또는 S 등도 쓰고 있다.

---

* **태양의 질량 감소**: 태양은 에너지로 $E=mc^2$이라는 식에 따라 질량을 줄여 나가고 있다. 또 태양풍은 엄청난 질량을 우주에 흩뿌린다. 이리하여 초당 600만 톤의 질량이 줄어들고 있다고 한다. 그런데 그 양은 1년간 태양 질량의 10조분의 1이다. 별로 큰 영향은 없다고 해도 과언이 아니다.

태양 질량의 문제점으로는 별의 질량을 정확하게 나타내는 단위라고 하기에는 그 정밀도가 낮다는 점이다.

이를테면 지구의 질량은 $M_{\odot}$의 1/(332,946.0487±0.007)로 10자리나 될 만큼 정밀한 값이다. 그런데 $M_{\odot}$ 자체는 5자릿수밖에 되지 않는다.

이러한 관계는 지구 질량뿐만이 아니다. 다른 천체도 마찬가지다. 왜 이러한 불균형이 생기고 말았을까? 그것은 태양 질량을 구하는 공식에 중력 상수 G가 들어가는데, 이 G를 정밀 측정하기가 곤란하기 때문이다.

쓰이는 분야

태양 질량 $M_{\odot}$은 별 등 각종 천체의 질량을 나타낼 때 쓴다. 그에 따르면 '은하계 전체의 질량=$1.9\times10^{12}M_{\odot}$'이다. 은하계에는 무수한 별이 있다는 것을 느낄 수 있다.

또 '태양계의 총 질량=$1M_{\odot}$'이다. 즉 태양계 총 질량의 99.9%는 태양이 차지하고 있다는 뜻이다. 태양의 위대함을 알 수 있는 대목이다.

한편 2015년 12월에 두 블랙홀이 충돌하면서 중력파가 처음으로 관측되었다. 태양 질량의 36배, 29배인 쌍성* 블랙홀이 충돌하고 합체하여 태양 질량이 62배인 블랙홀이 탄생했는데, 그때 생긴 중력파를 관측한 것이다. 이러한 경우에는 $36M_{\odot}$라든지 $29M_{\odot}$와 같이 나타낸다.

이 중력파를 관측한 라이너 바이스(Rainer Weiss, 1932~), 배리 배리시(Barry C. Barish, 1936~), 킵 손(Kip S. Thorne, 1940~) 세 사람이 2017년 노벨 물리학상을 받았다.

* **쌍성**: 서로 끌어당기는 힘의 작용으로 공통의 무게 중심 주위를 일정한 주기로 공전하는 두 개의 항성.

부 록

한눈에 보는 단위와 기호

1 SI 기본 단위와 물리량의 기호

7가지 양	단위명	SI 단위 기호	양의 기호
시간	초(second)	s	t, T
길이	미터(metre)	m	l, d, x 등
질량	킬로그램(kilogram)	kg	m, M
전류	암페어(ampere)	A	I, i
열역학온도	켈빈(kelvin)	K	T
물질량	몰(mole)	mol	n
광도	칸델라(candela)	cd	I_{V}

2 MKS 단위계와 cgs 단위계의 관계

양	MKS단위 [기호]	CGS단위 [기호]	단위 간의 관계
길이	미터[m]	센티미터[cm]	$1\mathrm{m}=10^2\mathrm{cm}$
질량	킬로그램[kg]	그램[g]	$1\mathrm{kg}=10^3\mathrm{g}$
시간	초[s]	초[s]	—

3 조립 단위와 물리량의 기호

양	단위명	단위 기호	양의 기호
속도	미터 퍼 세크	m/s	v, u, V
가속도	미터 퍼 세크 제곱	m/s^2	a, α
각속도	라디안 퍼 세크	rad/s	ω
진동수, 주파수	헤르츠	Hz = 1/s	v f
파장	미터	m	λ
평면각	라디안	rad	α, β 등
입체각	스테라디안	sr	Ω
힘	뉴턴 킬로그램중	N kgf(=9.8N)	F
일	줄	J = N·m	W, w
에너지	줄 에르그 전자볼트	J = N·m $= kg \cdot m^2/s^2$ $erg = 10^{-7}J$ eV	E
전하량	쿨롱	C = A·s	q, Q
전압(전위차)	볼트	V	V
전기 저항	옴	Ω = V/A	R
비저항	옴미터	Ω·m	ρ
전력, 일률	와트	W = J/s	P

양	단위명	단위 기호	양의 기호
전력량	줄 와트초, 와트시	J Ws, Wh	W
전기 용량	패럿	F=C/V	C
자속	웨버 맥스웰	Wb=V·s $Mx=10^{-8}Wb$	
자속 밀도	테슬라	$T=Wb/m^2$	
인덕턴스	헨리	H=V·s/A	L, M
인피던스	옴	Ω	Z
온도	섭씨온도 화씨온도	℃ °F	t, θ
열량	줄 칼로리	J cal	
압력, 기압	파스칼 헥토파스칼 아톰 수은주밀리미터	$Pa=N/m^2$ hPa=100Pa atm mmHg	P, p
삼투압	파스칼	Pa	Π (파이)
밀도	킬로그램 퍼 세제곱미터	kg/m^3	ρ
방사능	베크렐	Bq=1/s	
흡수선량	그레이	Gy=J/kg	
선량당량	시버트	Sv=J/kg	
반감기	초	s	$t_{1/2}$, $T_{1/2}$

4 물리 상수와 화학 상수(어림수)

상수	수치
표준중력 가속도	$g=9.80655$ [m/s^2]
만유인력상수	$G=6.674\times10^{-11}$ [$N\cdot m^2/kg^2$]
아보가드로수	$N_A=6.022\times10^{23}$ [mol^{-1}]
기체 상수	$R=8.314$ [$J/mol\cdot K$]
이상 기체의 부피	$V_m=22.41\times10^{-3}$ [m^3/mol] (0℃, 1기압)
패러데이 상수	$F=9.649\times10^4$ [C/mol]
광속(진공 상태)	$c=2.998\times10^8$ [m/s]
전기 소량	$e=1.602\times10^{-19}$ [C]
전자의 질량	$m_e=9.110\times10^{-31}$ [kg]
양성자의 질량	$m_p=1.673\times10^{-27}$ [kg]
플랑크 상수	$h=6.626\times10^{-34}$ [$J\cdot s$]
환산 플랑크 상수	$\hbar=1.05456\times10^{-34}$[$J\cdot s$] (디랙 상수)
천문단위	$AU=1.496\times10^{11}$ [m]
파섹	$pc=3.086\times10^{16}$ [m]
보어 반지름	$a_0=5.292\times10^{-11}$ [m]
통일 원자 질량 단위	$u=1.661\times10^{-27}$ [kg] (돌턴 Da도 같음)
전자볼트	$eV=1.602\times10^{-19}$ [J]

찾아보기

A~E

F~J

K~N

P~T

U~Z

그리스어

ㄱ

ㄴ

ㄷ

ㄹ

ㅁ

ㅂ

ㅎ